山东配电网规划指导手册

清洁能源与电力发展新知识读本

国网山东省电力公司发展策划部
国网山东省电力公司经济技术研究院　组编

中国电力出版社
CHINA ELECTRIC POWER PRESS

内 容 提 要

本书结合"十四五"配电网规划相关要求与山东省相关工作实践，从配电网规划方法、目标、策略、深度要求等方面对新形势下配电网规划相关内容进行了全面梳理，提出高效利用设备、精准预测负荷、科学确定发展重点、差异化制定目标、优化规划工作体系、推广乡村电网网格化规划等山东省"十四五"配电网规划方法及策略。

本书共分三篇十章，分别是配电网规划重点篇、配电网规划方法篇、配电网规划策略篇。并附有配电网设施空间布局规划内容深度规定。

本书可供从事配电网规划设计的相关人员使用，也可供电力院校及电力工程技术人员参考。

图书在版编目（CIP）数据

山东配电网规划指导手册 / 国网山东省电力公司发展策划部，国网山东省电力公司经济技术研究院组编. —北京：中国电力出版社，2022.12
ISBN 978-7-5198-7169-7

Ⅰ.①山… Ⅱ.①国… ②国… Ⅲ.①配电系统–电力系统规划–山东–手册 Ⅳ.①TM715-62

中国版本图书馆 CIP 数据核字（2022）第 198517 号

出版发行：中国电力出版社
地　　址：北京市东城区北京站西街 19 号（邮政编码 100005）
网　　址：http://www.cepp.sgcc.com.cn
责任编辑：罗　艳（010-63412315）
责任校对：黄　蓓　王海南
装帧设计：张俊霞
责任印制：石　雷
印　　刷：三河市百盛印装有限公司
版　　次：2022 年 12 月第一版
印　　次：2022 年 12 月北京第一次印刷
开　　本：710 毫米×1000 毫米　16 开本
印　　张：12.75
字　　数：215 千字
印　　数：0001—1000 册
定　　价：72.00 元

编　委　会

前　言

　　能源安全新战略提出以来，清洁低碳、安全高效的能源体系稳步发展，清洁化率、电气化率等关键转型指标显著提升，电网在其中发挥了关键作用。2020年9月，我国提出了"碳达峰、碳中和"的战略目标。践行双碳战略，能源是主战场，电力是主力军。

　　电力作为清洁高效的二次能源，在未来人类文明将起到重要的能源载体作用，而未来的电网除了承担电力安全可靠输送，也将发展成为承载能源革命的基础性平台，对能源革命具有重大推动作用。配电网是电网的重要组成部分，是保障电力"配得下、用得上"的关键环节，配电网的发展直接决定未来电力获得的质量，也间接影响能源革命的进程。因此亟需对配电网的发展趋势进行研判，提前谋划新形势下"十四五"配电网重点发展方向和工作重点，深化细化"十四五"配电网规划研究，助力新型电力系统建设与发展。

　　为此，国网山东省电力公司发展策划部、国网山东省电力公司经济技术研究院依据《配电网规划设计技术导则》等技术标准和规范，紧扣新发展理念、国家重大战略、高质量发展，从配电网发展趋势及重点、配电网负荷预测及规划、配电网设备效率提升、配电网精益投资、配电网适应国土空间规划等维度开展专题研究，并在研究成果基础上，总结提炼新形势下山东省"十四五"配电网规划方法及策略，编制形成《山东配电网规划指导手册》，为配电网高质量发展做好支撑。

编　者

2022 年 11 月

目　　录

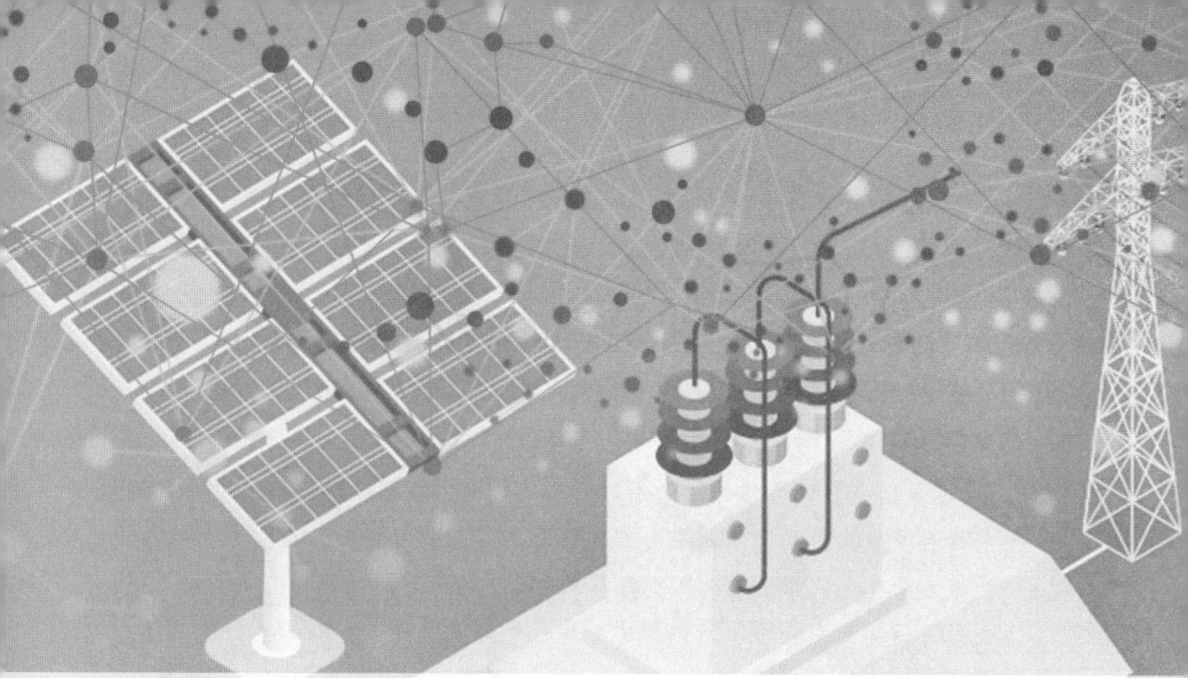

第一篇
配电网规划重点

第一章　智慧配电网发展概述

【本章重点】电力作为清洁高效的二次能源，在未来的人类文明中起到重要的能源载体作用。能源安全新战略要求下，电网发展将在技术、形态、功能等方面发生变革。为满足能源革命要求、保障可靠供电，国网山东省电力公司（简称山东公司）围绕构建智慧配电网主要评估指标体系开展研究，提出省级智慧配电网总体建设目标。本章重点介绍智慧配电网国内外发展现状，智慧配电网的内涵特征和评估指标，梳理智慧配电网的发展框架与重点任务，引用山东公司两个智慧配电网规划示范工程。

第一节　智慧配电网国内外发展现状

一、智慧配电网国内外发展及指标体系

日本政府主导该国智慧配电网的整体规划、对外合作和标准制定等，为智慧配电网的持续发展奠定基础。日本围绕太阳能发电建设智慧配电网，其开发计划的核心是开发"与太阳能发电时代相应的电网"，包括太阳能发电输出功率预测系统、高性能蓄电池系统和火力发电与蓄电池相组合的供需控制系统。英国已制定出"2050 年智慧配电网线路图"，支持智慧配电网技术的研究和示范，具体内容考虑大量发展分布式能源和清洁能源，同时增加智能家居、智能家庭、嵌入式储存和分布发电以及虚拟电池的应用，并通过智能设计和强化电压设计等提高整个电网的自动化、智能化和控制力。德国智慧配电网确立发展清洁能源的长远目标，积极"弃核"，大力开拓可再生能源，并着重发展居民屋顶光伏太阳能，利用计算机技术和智慧配电网进行有效的消纳。法国智慧配电网发展包括以下五个方面：① 继续推进以智能电表为核心的用户端技术服务；② 按照欧盟委员会的要求积极推进 Linky 智能电表的普及工作；③ 加强储能技术的

研究；④ 通过 ENEDIS 公司注重与其他国家尤其是中国的合作；⑤ 在谨慎发展核电的基础上大力发展清洁能源。美国进行了电网商业模式革新，电力消费者已经变成生产者，配电网所扮演的角色从单纯的电力供应者变成分布式发电和能源储能的高度协调者。

　　国内以天津为例，着力打造"安全可靠、优质高效、绿色低碳、智能互动"的世界一流城市配电网，应用先进装备，重点区域配电网已实现电网故障自愈功能，同时，依托供电指挥服务平台打造"智慧抢修"模式，并试点建设"多表合一"，制订用电、用水、用气等多用能数据综合采集方案，打造能源互联网下社区能源利用的新模式。

二、智慧配电网国内外评估现状

　　美国生产力和质量中心（American Productivity and Quality Center，APQC）在 IBM 的支持下提出了智慧配电网成熟度模型（Smart Grid Maturity Model，SGMM），为电力企业发展智慧配电网提供了一个行动投资和实践的路线图；美国能源部（Department of Energy，DOE）提出了智慧配电网发展评估指标体系；美国电力协会（Electric Power Research Institute，EPRI）提出了智慧配电网建设评估指标；欧盟提出了智慧配电网收益评估体系。智慧配电网成熟度模型认为智慧配电网的发展可以提高系统的可靠性和效率，接纳更多的新能源，使用户更多地参与电网互动。模型从策略、管理与监管、组织、技术、社会与环境、电网运行、用户管理和体验、产业链共 8 个维度对智慧配电网的发展进行评估。DOE 评估框架体系于 2009 年 7 月发布，从局部、区域和全国协作机制，分布式能源技术，输配电基础设施、信息网络和财务 4 个方面提出了一个由 20 项指标构成的评估体系。EPRI 在 DOE 的基础上建立了美国智慧配电网建设及其项目的评估指标体系，该指标体系可以用于智慧配电网整体建设进程和单个建设项目的评估，其评价目的是评估智慧配电网建设进程的推进程度和收益情况，并为智慧配电网建设的成本估算/收益分析提供基础。欧盟（European Union，EU）提出的智慧配电网收益评估指标体系，将智慧配电网的收益分为 9 部分，包含 21 个关键性能指标（Key Performance Indicator，KPI）。由于各地区智慧配电网的发展战略和驱动力存在差异，以上 4 种评估体系规模和指标定义均存在很大区别，且对评价方法都没有具体的研究：智慧配电网成熟度模型通过对智慧配电网的 5 个成熟度等级进行定义并通过对被评对象在其所提出的 200 个特征指标的表现打分获取其最终定位；DOE 评估框架体系对建设性指标采用低、中、高等级进行描述，最终的评估结果需要根据 20 项指标的情况进一步分析才能获取；EPRI 和 EU 的指标体系以智慧配电网建设收益为评估目标，其指标体系用于搜集基础数据，需要进一步进行收益估算，而不直接通过指标体系给出评估结果，因而其本身不涉及评估方法。以上四种评估体系比较见表 1－1。

表 1－1　　　　　　　　　　　四种评估体系比较

体系	评价目的	指标体系规模
IBM	智慧配电网发展水平	5 个等级，8 个维度，共约 200 个性能特征指标
DOE	智慧配电网发展水平	两层指标体系结构，底层指标 20 个
EPRI	智慧配电网建设收益	两层指标体系结构，底层指标 46 个
EU	智慧配电网建设收益	两层指标体系结构，底层指标 21 个

国内评估体系主要有智慧配电网发展评估指标体系和智慧配电网试点项目评估指标体系。电网发展评估指标体系研究过程中，智慧配电网的概念尚未明确提出，因此仅对电网智能化评估进行了初步探讨。该体系主要开展电网快速发展环境下，有关衡量经济发展、电网发展速度、建设规模、发展质量和效益的分析。从安全性、经济性、优良性、协调性、智能性 5 个方面建立了电网发展评估指标体系，并给出了各指标定量计算方法。电网发展评估指标体系主要内容见表 1－2。

表 1－2　　　　　　　　　　　电网发展评估指标体系

指标体系	内容
安全性	结构安全、运行安全、稳定性、充裕性、抗灾能力
经济性	电网规模效益、联网效益、新增建设效益、电网建设经济性
优良性	电网运行质量、电网建设质量、电网节能能力
协调性	资源协调性、社会协调性、经济协调性、环境协调性
智能性	智能配电网规模基础、智能电网技术支撑能力、智能应用效果

智慧配电网试点项目评估指标体系主要针对国网公司开展的智能变电站、配电自动化、用电信息采集系统三类智慧配电网试点项目，从技术水平、经济效益、社会效益以及实用化等方面进行项目成效量化分析评估，以便调整完善、

统一规范及全面推广智慧配电网重点项目的建设。智慧配电网试点项目评估指标体系见表 1-3。

表 1-3　　　　　　　　智慧配电网试点项目评估指标体系

评价对象	一级指标	二级指标
智能变电站试点工程	技术性	互动性、先进性、优质性指标
	经济性	成本指标
	社会性	社会影响
配电自动化试点工程	技术性	安全性、自愈性、优质性、互动性指标
	经济性	降低成本、增加效益、费效比指标
	社会性	环境影响指标
	实用化	推广应用指标
用电信息采集系统试点工程	技术性	安全性、互动性、先进性指标
	经济性	降低成本、增加效益、费效比指标
	社会性	环境影响指标
	实用化	推广应用指标

　　我国在智慧配电网规划、试点、技术研发等领域与其他国家差别不大，但是对于智慧配电网综合评估方面开展的工作相对薄弱。虽然电力行业、制造业、标准制订机构等相关企业单位已经开展了许多具体实施建设工作，但是在智慧配电网评估标准方面还没有形成共识，智慧配电网建设存在发展不平衡等风险。与国外提出的智慧电网评估体系相比，我国目前关于智慧配电网的评估主要还停留在针对传统电网所提出的评估体系阶段，智能化仅仅是作为一种补充，无法形成针对整个智慧配电网系统的科学评估；智慧配电网试点项目评估指标体系虽然是针对智慧配电网开展的专项评估，但是该评估目的主要是针对单个具体项目，各个评估对象之间相互独立，缺乏相互影响的考虑和综合评判的职能，无法全面评估智慧配电网系统的建设运行状况和综合效益。

　　我国目前正处于城镇化、工业化快速发展阶段，智慧配电网作为公共基础设施，必须首先充分发挥智慧配电网服务于经济社会发展的基本属性，体现国家在能源战略调整、经济发展方式转变中的主要思路。因此，我国智慧配电网评估体系需要将智慧配电网作为一个有机整体，深刻体现智慧配电网信息化、自动化、互动化特性，从全社会的角度出发，对智慧配电网的技术可行性、经济合理性及社会效益进行综合评估。

第二节　智慧配电网的内涵特征和评估指标

一、智慧配电网的内涵特征

2035 年，我国将基本实现社会主义现代化，配电网发展需要从规模扩张转向更高质量发展。同时，随着区域一体化、城市群发展进程加快，配电网发展需要与城市规划、资源统筹深度融合。在能源领域，清洁低碳、安全高效的现代能源体系给未来配电网发展带来了机遇与挑战。按照能源互联网战略方向，将构建具有绿色安全、泛在互联、高效互动、智能开放等特征的智慧能源系统，配电网将成为支撑智慧能源系统的关键环节。

智慧配电网作为面向能源互联网的新一代配电网发展模式，是结合电力技术、通信技术及计算机控制技术，实现高度自动化、响应快速和灵活的配电系统，它既有物理上的能源传输分配功能，又有信息上的协调控制功能，具备集中与分散协调控制的运行形态，在提供安全、可靠、优质、高效的电能服务基础上，支持高渗透率分布式可再生能源及多元化负荷灵活接入和退出，支撑配电侧广域"源−网−荷−储"协调运行，及电与热、气、交通等多能源协调互补。

相比于传统配电网，智慧配电网内涵外延更加丰富。技术上，信息化、数字化技术的升级应用给配电网发展带来新的机遇与挑战，"云、大、物、移、智"技术驱动着配电网量测、监控、运行、管理模式等方面的突破创新。形态上，分布式可再生能源并网发电规模扩大，电动车数量剧增，各类储能设施、微网的并网需求增多，以及海量传感设施应用后带来的供需互动模式多元化、管理精准化、需求多样化，都让智慧配电网的形态更加复杂。功能上，智慧配电网一方面要深度挖掘内部潜力，提高管理水平，提升能效，提升融合型基础设施建设水平，支撑智慧能源基础设施建设；另一方面要加强化对外服务和互动能力，以人为本，注重普惠共享功能，有力支撑省内一体化发展等相关政策方针。新发展理念和能源安全新战略对配电网发展提出的新要求见表 1−4。

我国能源电力将在规模、结构、布局等方面不断转型发展，对配电网发展主要影响，体现为"四个革命、一个合作"能源安全新战略，如图 1−1 所示。

表 1-4　　　　　　　　　新发展理念对配电网发展提出的新要求

新发展理念	对配电网发展的要求
创新	加强技术创新、管理创新、模式创新，加快配电网向能源互联网支撑平台演进
协调	统筹处理好电网与电源、主网与配网、一次与二次的关系，提高电网整体效能
绿色	提升电网清洁能源消纳能力，提升电网灵活性，为绿色能源生产和消费方式提供基础平台
开放、共享	打造能源服务生态圈，实现资源开放、共享发展

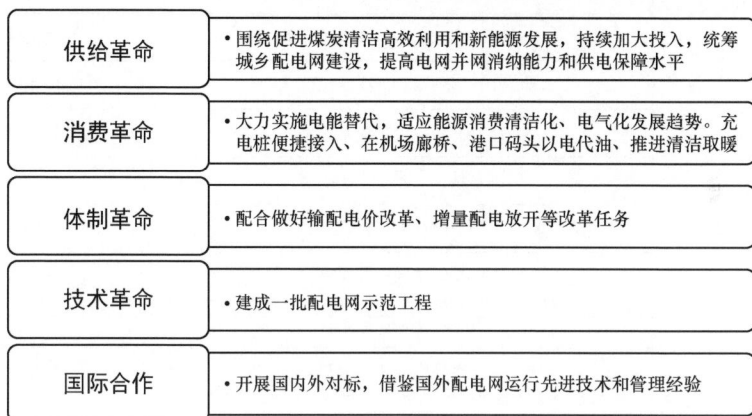

供给革命	• 围绕促进煤炭清洁高效利用和新能源发展，持续加大投入，统筹城乡配电网建设，提高电网并网消纳能力和供电保障水平
消费革命	• 大力实施电能替代，适应能源消费清洁化、电气化发展趋势。充电桩便捷接入、在机场廊桥、港口码头以电代油、推进清洁取暖
体制革命	• 配合做好输配电价改革、增量配电放开等改革任务
技术革命	• 建成一批配电网示范工程
国际合作	• 开展国内外对标，借鉴国外配电网运行先进技术和管理经验

图 1-1　"四个革命、一个合作"能源安全新战略

二、智慧配电网的评估指标体系

基于国家发展战略，为满足能源革命要求，参考国内外先进水平，围绕保障可靠供电、满足未来负荷发展、考虑未来电网发展趋势，打造"安全可靠、经济高效、绿色低碳、智慧共享"的智慧配电网，构建的智慧配电网主要评估指标体系见表 1-5。

按照性质不同，将发展指标划分为三类：一是约束性指标，即满足现状电网发展需求，落实国家重大战略，消除制约电网发展的薄弱环节，涵盖设备重过负荷，110（35）kV 变电、线路不满足"$N-1$"，中压线路不满足"$N-1$"（C 类及以上供电区域）等内容；二是预期性指标，即建设满足经济社会发展预期、保障电力安全优质供应的配电网，涵盖电网结构标准化率、资产效率、综合线损率、配电自动化覆盖率、线路平均供电半径等内容；三是引导性指标，即引领未来配电网发展，满足能源互联网建设要求的新型数字基础设施建设，涵盖建设电动汽车充换电设施建设、发展需求侧响应等内容。

表 1-5　　　　　　　　　智慧配电网主要评估指标体系

一级指标	二级指标	属性
安全可靠	供电可靠率	预期性
	综合电压合格率	预期性
	"低电压"用户占比	约束性
	110~10kV 设备过负荷比例	约束性
	110（35）kV "$N-1$" 通过率	约束性
	110（35）kV 单线站比例	约束性
	110（35）kV 单变站比例	预期性
	10kV 线路 "$N-1$" 通过率	预期性
	10kV 供电半径	预期性
	110kV 结构标准化率	预期性
	10kV 结构标准化率	预期性
	户均配电变压器容量	预期性
经济高效	轻载主变压器比例	预期性
	轻载配电变压器比例	预期性
	重载主变压器比例	预期性
	重载配电变压器比例	预期性
	综合线损率	预期性
	单位投资增供电量	预期性
	单位投资增供负荷	预期性
绿色低碳	充电桩数量（万个）	引导性
	清洁能源装机占比	预期性
	分布式电源利用率	约束性
	新增清洁取暖供电用户数	约束性
	电能占终端能源消费比例	预期性
智慧共享	需求侧响应负荷占比	引导性
	智能电表覆盖率	预期性
	配电自动化覆盖率	预期性

三、总体目标

贯彻落实国网公司战略目标，到 2025 年，基本建成省级智慧配电网，公司重点领域、关键环节和主要指标达到省级电网企业国际领先，中国特色优势鲜明，电网智能化数字化水平显著提升，能源互联网功能形态作用彰显，打造绿色发展能力强、能源资源配置能力强、安全保障能力强、精益管理能力强、优质服务能力强、产业引领带动能力强的"六强"产业。

到 2035 年，全面建成省级智慧配电网，支撑公司硬实力、软实力全面达到国际领先水平，打造配电网发展的中国特色、国际样板。

第三节　智慧配电网的发展框架与重点任务

一、智慧配电网发展框架

建设智慧配电网，应坚持内涵发展和外延发展并重，以安全可靠、经济高效、绿色低碳、智慧共享等内涵特征为导向，推动实施绿色发展工程、安全保障工程、配电网升级工程、精益管理工程、卓越服务工程、生态构建工程。

二、绿色发展工程

（一）高比例消纳分布式可再生能源

（1）深化完善并推广电网承载力分析方法，纳入规划管理。深入开展电网的新能源承载力分析，完善模型方法和软件工具，为决策提供量化支撑。基于电网承载力分析，确定合理年度并网规模，向地方能源主管部门提交电网承载力分析报告，为电源规模管控提供依据。结合区域配电网的现状运行水平与规划情况，开展分布式电源接入的开放容量计算方法研究，计算区域配电网的可接纳水平和消纳能力，绘制"新能源接入能力预警图"和"新能源并网插座地图"，形成"全省–地市–变电站"三级预警体系。

（2）依托国网新能源云加快推进新能源信息采集，提供决策支持、项目管理、消纳分析、运营管理、建站咨询等便捷化服务。依托国网新能源云，在满足信息安全的前提下，服务国家能源发展战略，依托数据挖掘技术，为政府部门、电网公司、发电企业提供大量翔实可靠的数据和政策分析，引导新能源规划布局，促进新能源科学有序开发、并网和消纳，支持我国能源结构转型。

（3）优化分布式电源并网和交易管理，适应分布式电源规模化发展。建立基于电网承载力的分布式电源并网管理体系，在并网服务流程和并网运行技术要求方面实行差异化管理，引导分布式电源优化布局。

（二）支撑大规模电动汽车充换电服务

（1）优化城市公共充电网络布局，加强城市电网建设和局部配电网建设改造。结合建筑物配建公共停车场，依托路内停车位等建设公共充电设施，与当地配电网与能源互联网发展有机融合。加大配电网智能化项目和信息通信基础设施的投入，为有序充电管理提供支撑；依据大型集中充电站点建设需求，及时建设或改造配套变电站，满足充换电基础设施接纳条件。

（2）提升电动汽车用户服务水平，满足用户差异化需求。适度超前预留电力容量与接口，提高报装服务效率。对于扩容改造问题，加大引导和支持力度。加强对高压自管户内部充电设施转供电、多用户分表管理。对电动汽车提供辅助服务的规划建议，制订有吸引力的充放电分时电价。以智能充电终端为载体，持续提升智慧充电服务水平，牢牢占据电动汽车车联网市场优势。构建电动汽车绿电交易平台，聚合电动汽车用户和能量管理服务商，实现与电网侧的双向互动。

（三）探索新能源配套储能及分布式电源接网相关输配电价机制

1. 新能源配套储能补贴机制和政策研究

储能系统具备快速、精准的有功/无功双向调节能力，可广泛应用于分布式电源，通过储能系统能量"蓄水池"效应来解决分布式电源接入带来的功率波动和实时电能供需不平衡。分布式配套储能一方面可参与区域配电网调峰，提升光伏、风电的消纳水平；另一方面可平抑光伏、风电功率解决间歇性配电网无功电压波动的问题。随着新能源大规模并网消纳和电网峰谷差的增大，储能技术在智能配电网发展中将拥有巨大的应用前景，可推动政府能源主管部门共同推进分布式配套储能的补贴机制和政策研究，从维护市场公平、发挥政策优势的角度出发，在分布式储能引入补贴激励和允许参与市场交易，引导资源优化配置、降低市场准入门槛。

2. 余电上网分布式电源项目的备用价格机制探讨

未来，余电上网分布式电源项目大规模增加，加之客户侧储能的大规模利用，配电网的角色将从"供电"服务向"供电＋热备用"服务转变，同时也将带来输配电投资的增加。然而客户在享受备用服务的同时，其自发自用电量部分并不参与输配电网络成本分摊，从经济学角度看，将产生负外部性，不利于资源优化配置。可从以下两个方面探索可行的解决方式：① 对余电上网分布式电源客户收取备用容量费用；② 扩大两部制电价机制的应用范围，涵盖当前执行一般工商业电价的用户，同时适当提高两部制电价中容量电价占比。

三、安全保障工程

（一）加强市场开放条件下安全管控水平

1. 售电侧改革对配电网的影响

售电侧改革包括增量配电和售电侧放开两个方面，从《关于进一步深化电力体制改革的若干意见》（中发〔2015〕9号）及配套文件整体要求来看，售电侧放开将改变电网企业作为统购统销的模式，面临多家售电主体竞争的形势，而增量配电投资业务放开鼓励社会资本投资配电业务。在售电侧改革影响下，配电网面临的风险包括：① 配电网与输电网不协调的结构性风险，配电网统筹规划难度增加，容易造成输配不协调、时序不合理等问题；② 配电网重复建设、交叉供电的风险，重复建设和交叉供电将扰乱正常供用电秩序，对电网安全运行造成严重影响；③ 配售电安全责任界面及职责划分的风险，电网企业、发电企业、售电公司、配售电公司、市场化用户及非市场用户之间相互关系和安全责任界定不明确；④ 增量配电统一调控的风险，独立的配电网调度将增加与主网的协调成本，在一定程度上降低了调度效率，影响电网安全；⑤ 配电网设备运行风险，部分配电网运营者以追求利益为目的，有可能不按时进行设备更新或新建，严重影响系统安全；⑥ 用户用电安全管理风险，用户用电安全管理缺位，安全用责任难以落实；⑦ 网-荷协调运行的风险，市场售电主体多元化，网-荷协调难度增大。

2. 电改形势下的配电网重点任务

加强配电网统一规划、统一调度和统一标准，建立和规范配电网建设和运营标准。强化增量配电网统一管理，探索配电网运营权和所有权分离，建立配电网统一运营模式，有效避免因项目分散、主体众多、协调成本高等问题可能导致的电力系统安全运行风险。提升供电服务质量和效率，提升供电安全管理水平。完善市场化售电业务办理流程规则，加快推进营配末端业务融合，缩短业务和管理链条，提高对客户需求的响应速度，进一步提升供电服务水平。加强用电安全隐患治理，提高设备运行管理、电能表后用电管理及临时用电管理规范化。结合用户需求适度开展用电咨询、用电设施检测等增值服务，在保障用电安全的同时提高客户满意度。

（二）加强弹性电网建设

传统的配电网可靠性建设通常考虑"$N-1$"或"$N-2$"的情况，但在某些气象灾害、地质灾害下，电力系统发生的故障类型远多于上述情况，面对极端灾害事件，需要在传统的配电网可靠性建设基础上，提高配电网对极端灾害事件的感知能力、响应能力、适应能力和恢复能力，即提高配电网弹性。弹性电网应对极端灾害事件的过程示意如图1-2所示。

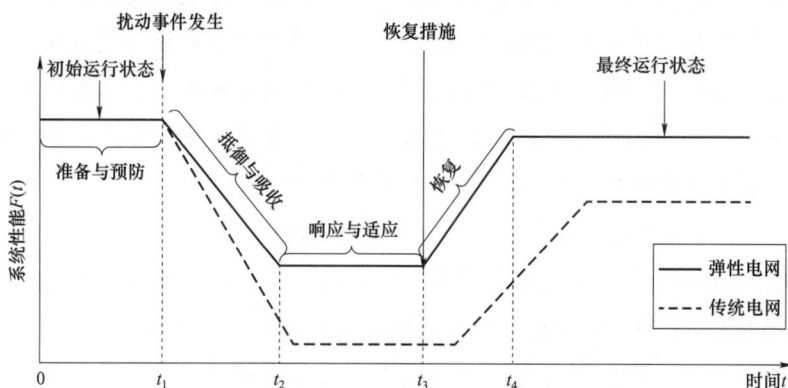

图1-2 弹性电网应对极端灾害事件的过程示意图

1. 提高配电网对极端灾害的感知能力

针对常年遭受台风影响的地区，构建可能发生的极端灾害事件模型。同时，构建融合地理环境信息的配电网信息物理系统，广泛配置传感器和量测装置，提升配电网对自身运行状态和外部灾害信息的感知能力。

2. 提高配电网对极端灾害的响应能力和适应能力

准确评估配电网关键节点、关键元件、关键负荷，灾前有针对性地对关键设施进行补强。根据灾害模型推演，形成可能的故障设施清单，滚动调整恢复计划，对抢修资源进行预安排。注重提升线路联络率，提升网络应变能力（配电网重构能力），提升多资源互补集成度。完善配电网自动化平台功能，提高灾中故障信息感知、研判、处理能力。

3. 提高配电网在极端灾害后的恢复能力

一方面，随着太阳能、风能和电池储能技术成本的大幅下降，小型分布式可再生能源系统已具备成本和能效优势。社会上的能源设施，包括应急发电车、应急发电机、应急照明灯、集装箱储能、电动车、岸电、电热气综合能源站、微电网等，都可以通过标准化建设、共建共享等方式，成为电网的能量供给单元，用来恢复配网的关键负荷。另一方面，通过完善电力应急市场化服务机制，探索电力应急后备人员和装备市场化运作模式，充分利用社会专业技能人员和应急设备资源，有序有效参与电力应急救援行动，实现电力应急与社会力量协同，提高配网应急保障能力，降低电力应急成本。

四、配电网升级工程

（一）优化网架结构

1. 构建"强-简-强"的高压配电网结构

电网目标网架结构优先采用链式结构，在过渡年上级电网较为坚强且中压配电网具有较强的站间转供能力时，也可暂时采用双辐射式结构，直至过渡到目标网架。过渡期间，高压配电网应建设联络通道，满足上级变电站负荷转移需要。

2. 优化电压序列，提高电能在电网中的传输效率

交流电网发展均经历了伴随电力负荷发展、电压等级不断提升、电压序列逐步简化和标准化的发展历程。随着城市电网的发展，负荷密度不断增加，在负荷密度较高地区应逐步简化电压序列，对待 35kV 电压等级序列上应秉持"理存量、控增量"的理念，不再新增 35kV 变电容量，逐步过渡到无 35kV 电压等级的网架。

3. 加强中压配电网结构，形成清晰的供电网络

中压配电网作为与用户直接接触最为紧密的一级电网，考虑到其规模大、故障率高的实际特点，应着重加强网络结构建设，保持必要的冗余度。加强联络提升故障方式下的负荷转移能力，做到本级电网单一元件故障后除故障段外其他用户可以快速恢复供电；提高线路联络率，在不同变电站之间建立必要的站间联络；优化线路联络关系，明晰电网结构，有利于配电自动化策略的实现。

（二）提升智能化水平

1. 加快提升配电网智能量测、通信技术水平

未来智慧配电网将依赖前端先进的传感量测技术对各类数据采集，并通过通信网络完成数据融合和传输，实现运行监视与协调管控，最大比例消纳分布

式电源，满足多元用户负荷互动。先进的传感量测技术和通信技术是未来配电网智慧化发展的关键支撑技术。

（1）在智慧配电网传感与量测技术方面，积极构建智慧配电网高级量测体系。实现电气量精准感知、安全可靠通信和信息交互共享。研发应用新型电气量传感量测技术，差异化开发部署光学原理传感器、电子式传感器，提升复杂电气环境下的测量精度和测量带宽。通过对智能电表升级改造，实现更全面深入的用户信息采集和扩展功能设计，优化完善统一接口标准。

（2）研究应用先进的接入网络通信技术，积极构建基于 5G 网络的智能分布式配电自动化系统与高速双向通信网络。针对未来智慧配电网的多场景差异化需求，应用 5G 通信网络技术，量化通信网络的技术指标和架构设计，根据高级配电自动化系统运行、分布式电源并网要求、用电信息在线监测等场景需求，明确安全性要求、业务隔离要求、端到端业务时延要求，形成满足配电网多场景差异化的信息通信解决方案，满足未来配电自动化系统运行、毫秒级精准负荷控制、低压用电信息采集、大规模分布式电源并网控制的多场景需求。

2. 加强"源–网–荷–储"一体化协调控制能力

（1）应用负荷快速响应、多时间尺度控制技术，建成"源–网–荷–储"一体化协调控制系统。实现对光伏、分布式储能、电动汽车等配电网可调控资源的互动协调控制，提高新能源发电、区域化用户群及分布式储能系统的协同优化运行水平，支持电网高效利用清洁能源。

（2）挖掘用户侧资源潜力，促进虚拟电厂模式创新。分析分布式能源功率响应、储能充放电响应、用户需求侧响应情况，构建包括分布式光伏、风力发电、分散式与集中式储能和柔性可控负荷的虚拟电厂资源配置优化场景，建立包括分布式电源、储能、电采暖和电动汽车的多场景虚拟电厂内部资源优化配置模型，分析考虑多场景下虚拟电厂促进电网调峰的多种"源–荷–储"资源优化组合方法。

（三）加强城市与电网一体化规划水平

山东省城市化发展差异性较大，东西部不平衡的矛盾较为突出，进而影响了配电网的建设水平和要求。在人口密集、趋近饱和负荷的区域，例如济南、青岛、烟台"三核"城市，供电需求的增长与土地资源的瓶颈等因素都会影响智慧配电网发展模式。同时，受人口老龄化、供给侧结构改革、产业调整转移等方面影响，部分城市的人口规模下降、有效劳动力减少、产业外流，配电网的发展要求也相应进行调整。面对城市发展的不同模式，智慧配电网发展要因地制宜、统筹协调。

（1）建立电力、城市多维度大数据库共享平台，为配电网规划提供坚强数据支撑。深度融合电力大数据和经济社会发展、城市规划等多维度城市大数据，强化选址选线、城市管网普测、土地规划、控制性详规等工程前期深度数据，加强数据融合与价值挖掘，支撑负荷和电量精准定量分析和配电设施有效落地。加强"城市-电网-用户"数据并行计算和关联分析，为电网结构优化、容量配置、成本效益分析提供技术支撑，增强配电网全局性能，实现配用电领域安全与发展的协同。

（2）因地制宜调整配电网网架结构，优化电压等级。针对负荷密集区域和人口产业外流区域的配电网规划问题，需要结合地区经济社会发展的趋势特征和土地资源的利用空间，考虑省会、胶东、鲁南三大经济圈一体化发展模式对人口密集区域的中长期影响，分析相对落后地区的政策扶持带来的经济产业复苏，进而把配电网规划有机融合到城市中长期发展规划中。在人口密集的"三核"城市中心区域，要积极适应城市中长期发展规划，结合地区的用能需求特点和土地资源空间，优化电源布点、积极向内挖潜。

五、精益管理工程

（一）提升智慧配电网资产利用率水平

通过充分发挥技术的杠杆作用，实现配电网资源延伸和统筹优化，支撑配电网专业能力提升和管理模式变革，进而提升配电网服务能力，满足更加多元的能源服务需求，实现向服务要效率效益。重点从以下三方面提升配电网资产效率水平：

（1）充分利用源-荷资源，减少电网侧低效、无效投入，提升存量资产利用水平，实现向存量要效率效益。通过信息技术融合应用，可以提升配电网资源感知与控制能力，促使配电网由传统的集中式、"源-荷"单向供能模式向集中式与分布式互补、"源-荷"双向能量流动模式转变。通过统筹源荷储资源，可延缓电源电网建设、降低电网运行调节难度、保障电力安全可靠供应、提升配电网资产效率效益。

（2）构建配电网多维精益管理体系建设，助力管理变革和业务转型，提升配电网管理质量，实现向管理要效率效益。通过应用配电物联网、电力大数据+AI 等数字支撑类技术，推进配电网的数字化、信息化和智能化发展，为规划建设、生产运行、电力营销、企业管理、供电服务提供平台支撑，提升配电网全方位感知、网络化连接、一体化融合和大数据分析的核心能力，激发管理变革。

（3）强化专业技能水平，提升配电网各环节效率，降低运行维护成本，实现向成本要效率效益。在配电网规划建设、调度控制、运维检修、营销服务等专业环节应用高级配电自动化、不停电作业、交直流配电网等技术，通过强化专业能力、提高业务水平，满足配电网控制能力、运维效率、运行质量、供电能力等发展需求，降低公司运营成本，提升配电网资产效率效益。

（二）推动配电网与各类基础设施融合发展

目前山东省各类基础设施相对独立，在方便管理的同时也造成了一定程度的效率低下问题。目前，基础设施领域相关技术相互融合发展，为基础设施共享发展、提升经济社会运行总效率创造了条件。实现配电网与各类基础设施融合发展，有助于资源开放共享、优势互补，提高全要素生产率。同时，有助于实现国有资产保值增值，增强国有资本的影响力、带动力、控制力。配电网与各类基础设施融合发展的场景展望见表1-6。

表1-6　　　　　　　　配电网与各类基础设施融合发展的场景展望

场景	服务类型	适用场景		服务对象
数据中心站	IDC 服务	（1）经济发展较好、人口密集、数据中心业务需求旺盛地区；（2）高新技术产业及信息产业聚集地区；（3）清洁能源富集，电力、水、通信等运营成本低的地区	（1）单站规模较大的数据中心站；（2）土地资源丰富地区	政府、互联网企业、运营商、企业客户
	云服务		（1）单站规模不大的数据中心站；（2）数据中心业务需求旺盛地区	
	边缘计算服务		（1）经济发达的一线城市；（2）靠近用户、人口稠密、边缘应用场景丰富地区，如居民区、大学城、工业园、商业区等	
充换电站	充电桩	（1）电动汽车保有量大、增长速度快、充电需求旺盛地区；（2）政府出台支持充电桩建设政策、鼓励电动车发展、有补贴的地区	临近居民小区、企事业单位等充电需求旺盛地区	居民、城市公交运营单位、物流企业
	换电站		应与城市公交公司、大型物流运输企业合作	
5G 基站	空间资源	（1）经济基础较好、人口稠密、网络建设节奏较快地区；（2）符合运营商5G规划	微站	电信运营商
	MEC 服务器		宏站	

场景	服务类型	适用场景	服务对象
储能站	调峰调频	（1）峰谷电价差较大的地区； （2）已出台关于储能参与电网辅助服务的相关鼓励政策的省份； （3）可再生能源消纳压力较大的地区	电网公司、政府及企业
北斗基站	精准位置服务	（1）经济基础好、人口稠密、需求明确、网络建设节奏较快地区； （2）符合公司北斗基站部署规划	电网公司为主，后续可为政府、企业提供服务

1. 与交通基础设施融合发展

随着电动汽车普及率逐渐提高，交通网、配电网、充电设施必将统一规划、统一建设；充电需求较大的地区，增量变电站可同步规划建设充电桩或充换电站，降低充换电网络总投资。

2. 与通信基础设施融合发展

5G、6G 将成为未来通信的主要技术方式，4K、8K 高清视频需要更高速的网络连接，大规模物联网需要 100%全覆盖网络，自动驾驶、远程医疗等超高可靠低时延连接关系着人的生命安全。因此，未来通信基础设施的建设成本和维护成本将是巨大的。依托配电网的大量杆塔、变电站资源，可实现基础设施复用共享，提高资源利用效率，推进智慧城市建设。

3. 与数据基础设施融合发展

依托变电站土地及设备资源，建设数据中心站、北斗基站等数据基础设施，对内实现站内设备、能耗及安防等信息的统筹监控与管理，对外实现数据增值应用场景的开发。

六、卓越服务工程

（一）持续优化电力营商环境

1. 提升客户办电效率，降低客户用能成本

进一步压减办电环节，简化供电方案审批程序，实行业务限时办理和线上业务"一证通办"。健全电网资源、需求等信息公开机制，深度开展阳光业扩服务。严格落实国家各项降价降费政策，配合政府部门清理规范转供电环节不合理加价行为。适应市场化改革，加强与大型集团客户对接，主动帮助参与直接交易。支持售电侧业务放开，履行保底服务和电力普遍服务责任。支持增量配电改革试点项目，扎实做好项目接网服务。

2. 提升供电电能质量和客户用能体验

深化供电服务指挥中心和全能型供电所运营，提升带电作业能力，推动检修施工向不停电作业转型升级，保障可靠供电。强化电压监测分析，优化无功配置及控制策略，提升电能质量。持续完善 95598 业务支持系统、运营调控系统，全面建成省级营销服务中心，在市县公司推广网格化综合服务，满足客户差异化服务需求。构建客户视角的供电服务评价体系，加强第三方满意度调查，强化评价结果应用。

（二）不断深化电力增值服务

1. 以电为中心延伸服务链条

整合服务资源和力量，持续优化业扩接电、安全用电等传统服务，灵活采用咨询设计、设备销售、工程承包、投资运营等模式为客户提供一站式综合用能服务，从提供单一电能产品向提供多元用能服务的转变，在确保客户电力供应的基础上，形成以电为核心的能源消费服务新模式，满足多元化、互动化、个性化的智慧用能需求。

2. 以数据为抓手丰富服务场景

一方面构建基于客户特征的精准服务能力。拓展对智能电表非计量功能的应用，增加感知客户的数据埋点，更大范围推进客户标签库统一建设，进行客户画像，构建统一的客户全景视图，增强对客户的理解能力。实现对客户的差异化、精益化管理，开展个性化、便捷化、极致化服务。另一方面提升电力大数据公共服务能力。充分发挥电力数据全面、真实、准确、客观等特点，开展区域协同发展、乡村振兴、环保攻坚战等国家战略实施成效评估分析，助力国家战略部署落地实施；开展电力经济指数、企业污染监测等数据分析，以电力数据客观反映企业实际运营状态，为税务、海关等政府部门提供辅助支撑，助力社会重点领域监督监管、精准施策。

七、生态构建工程

（一）提升电力供需互动规模和水平

1. 挖掘并建立需求侧响应资源体系

需求侧响应资源主要包括可转移负荷、可中断负荷、分布式电源和储能装置。可转移负荷指通过转移用电时间来参与需求响应的终端用户；可中断负荷能够在需求响应中直接减少用电量，不需要将负荷转移到其他的时间段，具有快速响应断电的特性；装备分布式电源的终端用户可通过调节发电机功率来实现需求响应，配置储能（储电、储冷、储热）装置的电力用户可以通过特定的控制策略参与系统削峰填谷以及为系统提供辅助服务。

2. 依托需求响应集成服务商（Demand Response Aggregator，DRA）统筹各类需求侧灵活性响应资源

需求侧响应资源具有种类多、容量小、布点分散的特点，需要引导各类社会主体，如售电公司、增量配电网、配电运维企业等，将其集成为可向电网提供需求响应的虚拟电厂，将分布式发电机组、可控负荷、分布式储能设施等一种或多种资源有机结合，通过配套的调控技术、通信技术实现整合调控。虚拟电厂包括聚合分散可控负荷的虚拟电厂、聚合多种分布式电源的虚拟电厂及聚合分散储能/电动汽车的虚拟电厂。DRA 的管理模式如图 1-3 所示。

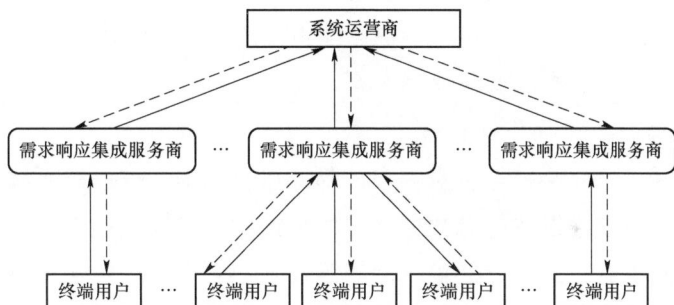

图 1-3　DRA 的管理模式

3. 通过市场机制引导 DRA 参与电力市场

其一，参与能量市场，将不同类型的分布式电源、可控负荷等进行聚合，作为一个整体参与日前能量市场，增加需求弹性，提升电力系统运行经济性。其二，参与电力辅助服务市场（主要是调频市场），DRA 代理用户向系统运营商提交辅助服务报价，参与辅助服务市场出清，并获得相应收益。其三，参与容量市场，在紧急情况下提供低成本的容量资源，对于特高压密集落点的受端电网，当特高压输电通道紧急故障，系统备用容量不足时，可通过精准实时负荷控制紧急响应事故，保障电网安全稳定运行。DRA 参与电力辅助服务市场示意如图 1-4 所示。

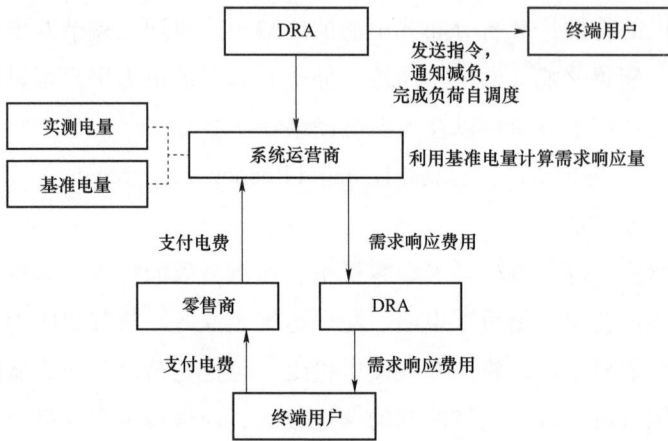

图 1-4　DRA 参与电力辅助服务市场示意图

4. 在配电网规划阶段适当考虑需求侧响应资源

将需求侧响应资源作为可调用资源参与全社会的资源优化配置，在配电网规划阶段进行统筹考虑，可进一步提高配电网规划投资经济性水平。

（二）推动能源电力服务业态创新

1. 打造综合能源服务新业态

挖掘园区、商业楼宇等重点客户在降低用能成本、提高能源综合利用效率等方面的服务需求，发挥能源数据资源优势，为客户提供能效改进服务。统筹运用分布式发电、冷热电三联供、储能等技术，大力推进电水气热终端一体化综合用能、市场化售电等综合能源服务。

2. 打造分布式可再生能源服务新业态

针对分布式光伏及分散式风电项目选型难、运维难、结算难、融资难等难点，提供采购安装、报装接电、运行监控等综合服务，为政府、运营商提供产业规划、运行分析、效益评估等大数据服务，构建分布式可再生能源服务生态圈。

3. 打造电动汽车充电服务新业态

发挥配电网能源转换枢纽和基础平台作用，整合电动汽车企业、物业公司、房地产开发商、充电运营商等资源，推动电动汽车智能有序充放电，实现充电负荷削峰填谷。以充电网络为平台，打通汽车厂商、电池厂商、设备厂商、运营商、电动汽车用户等上下游产业链，充分发挥数据资源、金融资源和媒介资源，开展车辆销售、金融、保险、广告等增值业务。

第四节　智慧配电网规划示范工程

一、济南崔寨面向新兴产业集聚的园区级能源互联网规划方案

崔寨片区发展定位高端，是国家新旧动能转换综合试验区的先行组团，规划范围 55.53km^2、规划人口 27 万人，正围绕"四新促四化"的动能转换理念，积极吸纳集聚创新要素资源，打造以物流产业为主导、氢能产业为前沿、会展博览等多产业齐头并进的高新产业城。

1. "1+1+3+N"总体框架

崔寨片区能源互联网建设以打造面向新兴产业集聚的园区级能源互联网示范典范（"1 个典范"）为目标，创新基于数字孪生的新型柔性规划理论（"1 个理论"），建设能源互联网"3 大体系"，布局"N 个典型场景示范工程"。

围绕清洁低碳，面向会展博览展示中心的冷热多能需求，开展多源耦合互补的高效清洁供热工程示范，建成国内首个基于聚光光伏光热+地源热泵互补的清洁供热示范项目，提升太阳能综合转换效率，实践低碳、清洁、高效供热的新模式。围绕安全可靠，面向中科新经济科创园的高可靠高电能质量供电需求，开展中低压直流配电工程示范，服务高可靠性供电、高电能质量绿色建筑推广。围绕泛在互联，紧抓"数字新基建"发展机遇，在 110kV 崔变电站涵盖光伏、储能、充电桩、5G 基站、数据中心、能源互联网运营中心等元素的"多站融合"+5G 边缘协同示范工程，实现电力资源的深入挖掘，扩大电力服务新业态。围绕高效互动，打造分布式灵活性资源需求响应平台，实现电动汽车、分布式储能等多元负荷聚合互动，实现传统配电网向现代主动配电网的升级。围绕智能开放，面向崔寨片区 JD 现代物流产业，开展电动汽车集群 V2G 车网互动工程示范。围绕新旧动能转换，重点以氢能产业为依托，打造氢能产业综合利用工程示范，包括：① 氢能供应链综合示范子项目，实现清洁制氢、深绿色制氢的氢源获取新途径；② 氢能利用综合示范子项目，建成全国领先的燃料电池汽车、备用电源、分布式发电等高效的用氢场景，以氢能应用作为先导逐步发展覆盖全产业链的氢能新格局，以用促产，促进"中国氢谷"产业发展，建成全国领先的氢能利用示范区。

2. 建设成效

打造"技术上主流前瞻、功能上场景多元、形态上超前引领"的面向新兴产业集聚的园区级能源互联网典范，构建"清洁低碳、安全可靠、泛在互联、高效互动、智能开放"格局，能源互联网相关特性指标达到国网领先水平，服务"新经济""新动能"智慧城市建设。

3. 规划亮点

从社会经济资源有效配置的角度推动投资收益与成效的最佳结合。通过创新运用基于数字孪生的能源互联网柔性规划理论，给规划本身带来生命力，可实现不断自我迭代和优化，相比传统规划方法，在安全可靠性、电能质量、信息安全、电能替代、网络损耗、能效水平等方面有明显提升。创新性提出涵盖电、热、冷、气各方面的能源平衡规划方法，有效推动能源融合发展和多元主体互动。

二、中国特色国际领先能源互联网山东青岛西海岸国家级示范区

（一）区域概况

青岛西海岸新区作为第 9 个国家级新区，古镇口军民融合创新示范区、中国（山东）自由贸易示范区等国家重大战略已落入新区。新区发展以海洋经济为主题，战略定位为海洋科技自主创新领航区、深远海开发战略保障基地、军民融合创新示范区、海洋经济国际合作先导区、陆海统筹发展试验区、中国（山东）自由贸易示范区。

（二）能源互联网发展思路及目标

1. 规划思路

落实国网战略目标，围绕各功能区、园区特点，通过"示范引领突破、区域试点应用、全域聚合提升"，"三步走"构建具备"稳、强、新、动"四大典型特色和以电为中心"六大平台"的能源互联网一流示范区，实现"信息增值、综合服务、业务革新、运营增效"的价值创造引领。

稳——多能互补，泛在互联。重点面向中德生态园、经济技术开发区、前湾保税港区，采用泛能站、地源热泵等用能系统，实现冷、热、电、气等多种能源的综合利用，突出供能"稳"。

强——绿色高效，坚强可靠。重点面向灵山湾影视产业区、国际旅游度假区，采用构建坚强智能电网、电动汽车退役电池梯次利用、广储充一体化利用，

突出电网"强"。

新——海洋特色，创新融合。重点面向海洋高新区、古镇口军民融合创新区，通过创新分布式海洋能综合利用、保障型储能、港口岸电、平时/战时微网系统建设，突出用能"新"。

动——多元聚合，智能互动。重点面向董家口经济区、现代农业示范区，采用四表合一、用户电能损耗智能治理、需求侧响应互动等方式，实现大用户能源高效利用，突出用户"动"。

2. 规划目标

2025 年率先基本建成具有中国特色国际领先的能源互联网，2030 年全面建成具有中国特色国际领先的能源互联网。

（三）规划投资成效

1. 投资成效

构建"横向多种能源互补、纵向源网荷储协调、数字化信息化赋能"的能源互联网，形成共建共享共赢能源互联网生态圈。通过供能稳、电网强、用能新、用户动的能源互联网建设，助力实现能源结构转型升级，服务新区军民融合、海洋经济等国家重大战略。

2. 重点示范项目

古镇口军民融合创新示范区采用"高供电可靠性微网＋分布式海洋能综合利用＋5G＋北斗智能巡检"的规划思路，实现区域高可靠供电。中德生态园采用"稳定供能＋多元储能＋互补用能"的规划思路，建设多能互补综合能源示范项目，提高能源利用效率。董家口港区采用"双向友好互动经济供电"的规划思路、灵山湾影视文化产业区采用"储能梯次利用＋'能源互联网＋旅游'"的规划思路，实现储能梯次利用与供需双向友好互动。

思考题

1. 阐述智慧配电网的内涵特征。

2. 结合山东两项能源互联网示范工程，分析智慧能源互联网规划建设重点。

3. 根据书中 6 项智慧配电网建设重点任务，结合地区实际分析适合当地智慧配电网建设的重点任务及建设计划。

第二章 "十四五" 配电网发展重点

【本章重点】"十三五"能源安全新战略以来，清洁低碳、安全高效能源体系稳步发展，清洁化率、电气化率等关键转型指标显著提升，电网在其中发挥了关键作用。面向未来智慧配电网发展的宏伟蓝图，作为国家可持续发展的重要基础设施、能源变革发展的关键领域，配电网需要尽早谋划，明确发展重点。本章通过配电网国内外发展情况分析与发展趋势分析，重点介绍国网山东电力公司"十四五"配电网发展原则、城农网发展建设重点、分电压等级发展建设重点和分供电区域建设重点，指导从业人员在推动智慧配电网建设、实现能源转型和经济社会高质量发展方面找准重点，差异化制订规划方案。

第一节 配电网国内外发展情况分析

一、综合性指标

选取全社会用电量、人均用电量、户均停电时间、供电可靠率、110kV 及以下综合线损率等 5 个方面的综合性指标，调研国内外发达地区相关数据进行对比分析，找寻差距，取长补短，为配电网更好更快发展提供借鉴。国内外综合性指标对比分析见表 2-1。

表 2-1　　　　　　　　　　　国内外综合性指标对比分析

指标	省份、公司或国家	全社会用电量（亿 kWh）	人均用电量（kWh/人）	户均停电时间（min）	供电可靠率（%）	110kV 及以下综合线损率（%）
国内	全国	64 821.00	4663.2	800.0～810.0	99.845 9～99.847 8	6.30 左右
	国家电网	52 271.48	4632.1	813.1	99.845 3	6.25
	南方电网	12 400.00	4786.4	786.6	99.850 3	6.31

续表

指标	省份、公司或国家	全社会用电量（亿 kWh）	人均用电量（kWh/人）	户均停电时间（min）	供电可靠率（%）	110kV 及以下综合线损率（%）
国外	法国	5541.00	8255.4	70.8	99.986 5	8.12
	俄罗斯	10 912.00	7577.8	219.6	99.958 2	12.15
	英国	3359.00	5087.9	50.4	99.990 4	8.00
	澳大利亚	2523.00	10 256.1	427.2	99.918 7	6.19
	美国	42 818.00	13 134.4	169.8	99.967 7	6.13
	意大利	2943.00	4860.4	144.0	99.972 6	6.01
	德国	6542.00	7911.5	23.4	99.995 5	4.95
	日本	10 200.00	8031.5	48.0	99.990 9	4.05

注 由于现有数据更新时间差异，全国数据采用《2017 中国统计年鉴》；国家电网数据采用《2019 年国家电网公司社会责任报告》；南方电网数据采用《2018 年南方电网公司企业社会责任报告》；国外数据为由各方文献搜集的 2017 年数据。

二、典型国家网架结构

1. 英国

（1）电压等级序列：400kV—225kV—132（66）kV—11（6.6）kV—0.4kV。

（2）输电网结构：城市电网在城外形成 400kV 环型接线，从四周向城市供电，形成多点供电的 225kV 电缆网络。

（3）高压配电网结构：高压配电网采用环型接线，225kV 及以下变电站推行标准化设计，每座变电站设 4 台变压器、4 回进线，放射式，互不相连，进线不设断路器，由送电断路器控制。

（4）中压配电网结构：英国中压配电网接线模式有直供、环网、手拉手等多种形式。伦敦中压配电网则采用网孔型接线，整个配电网络敷设在地下。

2. 法国

（1）电压等级序列：400kV—225kV—90（63）kV—20kV—0.4kV。

（2）输电网结构：法国输电网以 400kV 电压等级作为骨干网架，并在巴黎等中心城市外围形成坚强环网结构。

（3）高压配电网结构：225kV 已完全发展成为大巴黎地区高压配网，以辐射式深入城区，网架结构简单清晰。高压变电站主接线在安全性要求较低地区

主要采用线 – 变组接线，在安全性要求较高地区主要采用外桥接线和相应衍生接线模式。

（4）中压配电网结构：20kV 中压电网在 2 个 225kV 变电站之间构建"4×6 手拉手集群结构"，具备很强的负荷转供能力；灵活设置主干线分段和遥控（就地）开关，实现故障快速隔离和恢复供电。

3. 德国

（1）电压等级序列：380/220kV—110kV—20/10kV—0.4kV。

（2）输电网结构：德国有四个输电网络运营商，组成 380/220kV 环网结构，在供应境内用电的同时，与荷兰、比利时、法国、瑞士等接壤国家连接。

（3）高压配电网结构：110kV 电网广泛采用"双 T"接线方式，110kV 变电站的站内主接线则采用"双母线""双母线加分段"等多种方式。在一些 110kV 变电站以一台主变压器运行，另一台备用的方式运行。主变压器事故过负荷率按 20%的允许范围考虑。在某些特殊情况下，允许中压反送电。

（4）中压配电网结构：中压配电网普遍由一个变电站的不同母线或 2 个（3 个）变电站的母线出线构成环网设计，开环运行。网架结构较多使用普通环式、拉手环式结构及简单网格状结构。针对环式结构负载率不高的情况，德国电力公司一般允许故障后短时 120%的负载率，故正常运行时负载率最多可带到 60%。城市中压电网 100%实现电缆化。郊区配电网也基本上实现电缆化，个别地区仍保留少量架空线，但也逐步改为架空集束绝缘导线。

三、典型城市中压配电网网架结构

1. 新加坡

66kV 及以上电压等级输电网络均采用网状（Mesh）连接模式，并列运行，其电源来自同一个上级电源变电站；一些重要的网络还引入另外一个上级电源变电站电源（一般称为第 3 个接入点）。其整个网状网络的外接电源备用容量一般考虑整个网状负荷的 50%左右。

22kV 配电网络采用环网连接、并联运行模式（Ring）；每个环网（花瓣形）并联运行的两路电源来自同一个 66kV 上级电源点；每个环网的第 3 路备用电源来自不同的 66kV 上级电源点；每个环网的供应负荷应控制在 15MVA 以内。20 世纪 80 年代中期，新加坡电网 22kV 配电网络采用环网连接、开环运行模式。为提高供电可靠性，新加坡电网公司开始实施 22kV 电网改造，具体原则为：

花瓣型网络的电缆截面均按 300mm² 考虑，以增强网络的拓展性和可适应性，并为今后的改造、割接创造条件；每个花瓣型网络引入第 3 个电源点，供电可靠性大大增加；每个花瓣的容量按 80% 考虑，确保了网络的健康运行水平；网络改造从对供电可靠性要求特别高的区域开始进行且成片实施，确保"花瓣"的一次建成。22kV 配电网络改造自 20 世纪 80 年代中期开始实施，至 20 世纪 90 年代初期完成。

6.6kV 配电网络采用环网连接、开环运行模式（Mesh），每个环网的两路或三路电源来自不同的 22kV 上级电源点；每个环网的供应负荷控制应在 4.5MVA 以内（环网的始端电缆为铜芯电缆）或 3.5MVA（环网的始端电缆为铝芯电缆）；每个环网中串接的配电站数量应控制在 8 个以内。为避免重复降压，6.6kV 网络的发展受到限制。

"花瓣"型接线是新加坡的特色，其结构拓扑如图 2-1 所示。这种接线的优点是网架结构清晰明确、电网网络设计标准化，属于高压强、中压弱的纵向结构，当任意线路出现故障，故障点两端的负荷可实现快速转供，供电可靠性高。缺点是线路利用率低、线路负荷率需控制在 50% 以内，系统短路电流水平较高，二次保护配置较复杂。

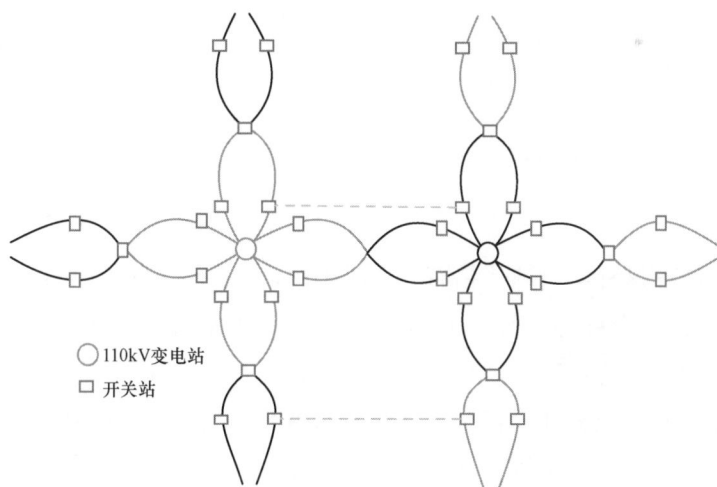

图 2-1 新加坡"花瓣"型结构拓扑图

2. 雄安

根据《雄安新区电力专项规划》，新区电网将依托京津冀一体化电网，形成泛雄安新区 500kV 立体交叉双环网；按照"分区运行、区内成环、区间联络"原则，构建 220kV 分区环网结构；依托 220kV 变电站布点，110kV 电网构建双侧电源链式结构；10kV 电网主城区采用"双花瓣"型结构，其他区域采用双环网、单环网结构。

雄安新区"双花瓣"型结构拓扑如图 2-2 所示，其优点是采用闭环运行方式，每个单元均具备 2 个及以上电源点支撑，负荷转供能力 100%，失去任何一座 110kV 变电站不损失负荷。缺点是线路利用率低、开关站较多，投资较大。适用于经济发达或未来重点规划、需要极高可靠性的城市核心区。

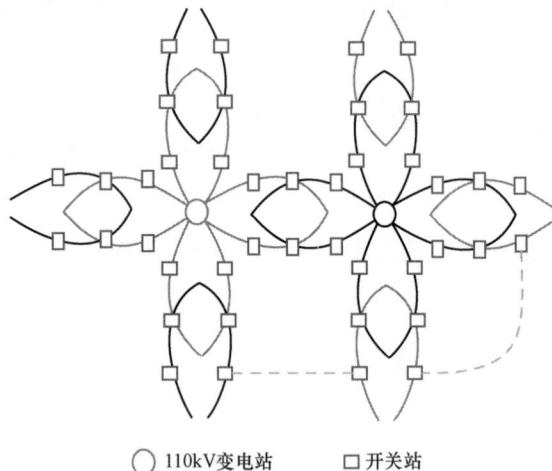

○ 110kV变电站　　□ 开关站

图 2-2　雄安新区"双花瓣"型结构拓扑图

3. 上海

上海中心城区探索构建"钻石"型配电网，上海"钻石"型结构拓扑，如图 2-3 所示，是指目前在上海打造的以 10kV 开关站为核心节点、双侧电源供电、配置自愈功能的双环网结构。"钻石"型配电网将传统的以环网站（负荷开关）为核心的接线模式变为以开关站（断路器）为核心，并以自愈系统取代传统的配电自动化系统，可以实现就地采集信息，远方自动执行自愈策略，从而将故障处理时间由分钟级压缩至秒级。同时，由于采用不同变电站双侧电源供电方式，其负荷转供能力达 100%。

其特点是显著提升供电可靠性和负荷转供能力，同时兼顾建设改造经济性。凭借灵活可控的负荷转供性能"钻石"型配电网可以满足检修方式下"$N-1$"

安全校核,从而有效减少计划检修及施工停电时间,大幅提升城市中心区的供电可靠性。据测算,在上海配电网现有网架结构基础上进行升级改造成"钻石"型配电网,新建线路规模分别比"花瓣式"和"双花瓣式"配电网最多可减少约 10%和60%,其综合投资比"花瓣式"配电网节省约 5%,比"双花瓣式"配电网节省31%。

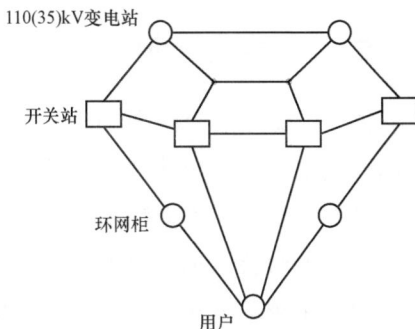

图 2-3 上海"钻石"型结构拓扑图

第二节 配电网发展趋势分析

随着能源供给侧结构性改革、环境污染治理力度加大、低碳发展要求、人民生活水平不断提高、技术进步、清洁能源大力开发实施,非化石能源占一次能源消费比重将加速提升,产业能耗将逐步走低,人均生活用能将不断升高,电能在终端能源消费中所占的比重将不断升高,电力负荷对高质量供电的需求也日益增加,电网发展相应由规模扩张阶段向提高供电可靠性和服务质量转变。

宏观经济方面,当前经济发展由高速、规模扩张阶段进入中高速、高质量发展阶段,用电需求增长放缓、用电质量要求提高,但由于经济增速的放缓,能源电力需求也相对放缓。分布式电源、电动汽车、储能等新型能源设施大规模增加,微电网、综合能源系统等新型能源系统形态逐渐推广应用,能源消费在主体、设施等多个方面均呈现多元化趋势,对电网尤其是配电网规划运行带来挑战。

第三节 配电网发展原则

一、坚持安全第一

树立底线思维,夯实本质安全基础,规划贯彻新版《电力系统安全稳定导则》要求,优化电网结构,完善"三道防线",防范大面积停电风险。统筹发展阶段、投入产出和实际需求,开展差异化规划设计,提高电网抵御自然灾害的能力。强化网络信息安全,提升动态感知和在线防御能力。

二、坚持绿色发展

围绕能源发展"两个 50%"和电力供应"三个三分之一"目标，积极推动供给侧清洁替代，加快实施"外电入鲁"战略，大力发展非化石能源，推动煤电清洁高效利用，安全稳妥发展核电，促进新能源健康可持续发展；积极推动需求侧电能替代，加快再电气化进程，以安全、开放、清洁、绿色方式满足用能需求。重视环境和社会影响，坚持生态优先和土地节约，推动电网与城市发展相融共进，促进节能降耗，满足资源节约和环境友好要求。

三、坚持高效发展

用好存量、做优增量，提高跨区输电通道利用效率，提升电力系统整体效益；落实全寿命周期管理要求，加强规划统筹，大力挖潜增效、降本节支，打破行政区划界线，统筹提升输变电设备运行效率；坚持"理存量、控增量"，35kV不新增变电容量。坚持科学投资、稳健投资、精准投资，将电网投资向保政策、保安全、保增长倾斜，提高发展质量和效益。

四、坚持协调发展

推动源-网-荷-储统一规划，按照优先就地、就近平衡原则，引导电源合理布局，充分考虑需求侧响应，统筹源-网、源-荷协调发展；加快抽水蓄能等调峰电源建设，鼓励发电侧和用户侧储能建设，提升电力系统调节能力；统筹电网安全性、技术性、经济性，优化发展输电网，侧重发展配电网，推动各级电网协调发展。强化发展部归口、专业部门协同、技术单位支撑的规划管理体系，建立无缝衔接的管理工作机制，实现职责明确、界面清晰的全过程闭环管理，全面支撑配电网高质量发展。提升省市县一体化发展水平，推动城乡电网协调发展，实现各级电网配套工程同步建设，统筹站址、间隔、廊道资源，全力推动电网规划纳入各级政府经济社会发展、能源、电力、国土空间等规划。

五、坚持创新发展

创新推动能源互联网发展，顺应能源革命和数字革命趋势，强化网络互联互通和先进信息、通信、控制技术应用，推动现代信息技术与先进能源电力技术融合发展，持续提升电网自动化、数字化、信息化、智慧化水平，推动电网与其他能源系统广泛互联、互通互济,实现向更高阶段的能源互联网演进。

六、坚持共享发展

落实国家和山东省脱贫攻坚、乡村振兴、污染防治、新旧动能转换、军民融合、黄河流域生态保护和高质量发展等战略部署,支持重大专项工程建设,落实配套电网项目。推进城乡电网一体化发展,提升服务均等化水平和客户感知度。落实中央各项改革部署,释放改革红利,带动产业链上下游共同发展。

第四节 城农网发展建设重点

一、城市电网发展建设重点

1. 推动"新基建"落地实施

落实国家"新基建"部署,在"十四五"配电网规划中:一方面,充分考虑新能源汽车充电桩、5G基站建设等"新基建"带来的新增用电需求,针对性提高重点区域电网设计容量,保持必要的裕度,适应未来发展需求;另一方面,加快现代信息通信技术在配电网中的推广应用,统筹推进配电网一、二次和信息系统融合发展,推动配电网向能源互联网基础平台转变。

2. 着力推进示范工程建设

(1)着力打造智慧配电网。城市配电网作为实现战略目标的主战场,"十四五"大力推动"大云物移智链"等新技术在配电网中的融合应用,持续提升配电网自动化、数字化、信息化、智慧化水平,以安全、开放、清洁、绿色方式满足分布式电源、电动汽车等多元化负荷需要。

(2)着力推进示范工程建设。充分契合城市发展要求,紧密结合市政规划,推动变电站与周围建筑融合发展,实现环境友好。打造具有地域特色的能源互联网"三类"示范项目,以济南新旧动能转换起步区(崔寨片区)、青岛西海岸国家级新区能源互联网示范区为试点,打造能源互联网"山东样板";着力打造推进网格化规划高标准落地,实施城市配电网网格化示范区建设,打造网格化规划样板。

3. 提高城市电网发展水平效率效益

"十四五"城市配电网规划着力用好存量、做优增量,大力挖潜增效,统筹提升设备运行效率，具体为：

（1）合理确定项目时序，优先安排保障电网安全，抢占优质市场，落实中央关于社会普遍服务要求，推动配电网向能源互联网平台转变的规划项目。

（2）加强需求侧管理，引导用户科学用能，积极参与需求响应。

（3）推动装备水平升级，在中心城市、城镇区域选用技术先进、节能环保、环境友好型的设备设施，提升设备本体智能化水平，推行功能一体化设备，加强对入网设备质量审查把关，提高设备可靠性。

二、农村电网发展建设重点

"十四五"农网规划全面落实国家乡村振兴战略，把握现代化建设规律和城乡关系变化特征，着力提升农村电网发展质量和效益，推动城乡供电服务均等化。

1. 落实国家重大决策部署

贯彻落实国家区域发展战略，农网规划充分考虑黄河流域生态保护等重大战略的实施。贯彻国家乡村振兴战略，紧密跟踪县城、中心城镇经济增长热点，围绕乡村振兴特征和相关要求，持续加大投入力度，满足用电潜能释放需求。

2. 满足农网新增负荷需求

乡村居民消费不断升级，预计"十四五"期间农网用电负荷进一步提升，特别是电采暖设备以及电动汽车的普及，对乡村配电网的建设提出更高的要求。

3. 消除配电网薄弱环节

根据配电网诊断分析结果，针对高压配电网潜在的主变压器过负荷、主变压器不满足 $N-1$、线路过负荷、线路不满足 $N-1$ 等问题制订详细解决方案，逐步消除 110（35）kV 电网隐患。中低压配电网方面针对线路、配电变压器重过负荷，结合目标网架情况，以"强–简–强"的方式，进一步补强乡村配电网。

4. 提升电网智慧化水平

随着新一轮农网改造升级全面完成，农网供电能力和供电保障水平不断提高，但在智能化方面仍有较大提升空间。"十四五"期间，在保证安全、质量前提下，持续提升电网自动化、数字化、信息化、智能化水平，加大智能终端部署和配电通信网建设，推动现代化农村电网一、二次和信息系统融合发展。

5. 逐步推进城乡融合发展

新型城镇化的推进，农业人口落户城镇、城镇棚户区和城中村改造将带来用电负荷水平、用电结构的显著变化，传统的农网不能满足新型城镇化发展需求，需要从地方经济水平出发，按照差异化、标准化、适应性和协调性的原则，开展农网建设。

第五节　分电压等级建设重点

一、110kV 建设重点

1. 提高供电能力

通过新增 110kV 变电站布点，满足负荷发展需要，提高地区供电能力。加快城市中心地区、县城、中心城镇和产业园区等经济增长热点地区的电网建设，增加 110kV 变电站布点，提高供电能力。

2. 加强网络结构

优化电网结构，加强县域电网与主网联系，使高压电网网架结构合理、供电可靠。随着 220kV 和 110kV 变电站的建设，新配出线路解决现状年单辐射线路，优化网架结构。加强配电网与主网联系，配电网支撑输电网，各层级电网相互配合、互相支援，形成整体协调、供电能力充裕的电网结构，确保供电可靠性，提高电网运行效率。

3. 保障电源接入

综合电源接入容量及变电站间隔利用情况，保障电源接入；电源尽量就地消纳，若上网容量大且无法就地消纳，考虑新建升压站。

4. 改造老旧设备

对运行年限长、老化现象严重、影响供电可靠性及供电质量的设备，经过诊断评估后，可按照轻重缓急逐步进行改造，减少故障率及损耗，提高供电可靠性。

二、35kV 建设重点

"十四五"期间，落实全寿命周期管理要求，用好存量、做优增量，大力挖潜增效，统筹提升配电网设备运行效率。35kV 电网坚持"理存量、控增量"，原则上不再新增 35kV 变电容量。对于具备条件的 35kV 公用变电站，逐步就近改接至 220kV 变电站，远景实现 35kV 公共站逐步退运或升压。

三、10kV 建设重点

1. 提高供电能力

结合新增布点及增容改造项目，同步实施变电站 10kV 配套送出工程，满足新增负荷供电需求。缩短 10kV 线路供电半径，合理分段，提高配网供电能力和供电质量。解决线路"卡脖子"及设备重过负荷现状问题，以新建为主、改造为辅，不断扩充 10kV 网络。

2. 完善和加强网络结构

10kV 电网坚持网格化规划，以供电网格为基本单元，构建远景目标网架。乡镇地区以满足 2 个及以上高压布点要求为原则，适度合并若干乡镇作为一个网格。规划期，网架结构按照在一个地理区块内，选取一组标准接线模式构建目标网架，合理安排项目建设时序，实现现状电网到目标网架的科学过渡。架空网形成多分段适度联络结构，电缆网形成单环网、双环网结构。

3. 解决末端电压不合格线路和电压不合格台区

通过新增变电站布点，新建 10kV 线路，优化调整网架结构，通过网架重构，解决部分现有供电半径过长线路。过渡期内供电半径长的线路，考虑安装线路无功补偿装置，提高电压合格率，保证供电质量。

低压台区以新增配电变压器布点为主，缩短低压供电半径，提升户均配电变压器容量，持续解决农村"低电压"问题。

4. 降低网络损耗

通过新增变电站布点，新建 10kV 线路，优化调整网架结构；通过网架重构，缩短线路供电半径；通过新建 10kV 线路转切负荷，解决线路重载问题；对主干截面偏小的线路，通过线路改造以提高供电能力，降低网络损耗。

5. 保障分布式电源接入

综合分布式电源接入容量及变电站间隔利用情况，保障分布式电源接入；分布式电源尽量就地消纳，若上网容量大且无法就地消纳，考虑新建升压站。

第六节 分供电区域建设重点

一、A+类供电区域

1. 加强网架结构

加快高压配电网对侧电源变电站的规划落实，尽快形成双侧电源的链式结构，提高电网安全运行水平。加强中压线路站间联络，提高站间负荷转移能力，解决变电站全停时负荷转移问题。

2. 提高供电能力

围绕中心城市（区）发展定位和用电需求，统筹配置空间资源，保障变电站站址和电力廊道落地，高起点、高标准建设配电网，提高供电可靠性。

3. 提升装备水平

在中心城市选用技术先进、节能环保、环境友好型的设备设施，提升设备本体智能化水平，推行功能一体化设备，加强对入网设备质量审查把关，提高设备可靠性。

4. 推进配电自动化建设

应用集中型或智能分布式馈线自动化方式，在网络关键性节点采用"三遥"终端。合理选用光纤、无线通信方式，提高运行控制水平，实现网络自愈重构，缩短故障停电恢复时间。

二、A类供电区域

1. 加强网架结构

加快高压配电网对侧电源变电站的规划落实，尽快形成双侧电源的链式结构，提高电网安全运行水平。加强中压线路站间联络，提高站间负荷转移能力，解决变电站全停时负荷转移问题。

2. 提高供电能力

围绕中心城市（区）发展定位和用电需求，统筹配置空间资源，保障变电站站址和电力廊道落地，高起点、高标准建设配电网，提高供电可靠性。

3. 提升装备水平

在中心城市选用技术先进、节能环保、环境友好型的设备设施，提升设备本体智能化水平，推行功能一体化设备，加强对入网设备质量审查把关，提高设备可靠性。

4. 推进配电自动化建设

应用集中型或智能分布式馈线自动化方式，在网络关键性节点采用"三遥"终端。合理选用光纤、无线通信方式，提高运行控制水平，实现网络自愈重构，缩短故障停电恢复时间。

5. 满足分布式能源接入需求

重点优化考虑分布式电源接入的配电网规划技术，提高配电网的经济运行及就地消纳能力；推广分布式电源典型设计，提高分布式电源建设的效率和效益；开展继电保护升级改造，满足分布式电源的并网需求；优化分布式发电并网管理，提高配电网调度运行能力。

三、B 类供电区域

1. 加强网架结构

根据负荷发展需求，降低高压配电网单线单变比例，逐步过渡到目标网架结构，提高 $N-1$ 通过率。明确中压配电网目标网架，合理划分变电站供电范围，各变电站供电区不交叉、不重叠，解决结构不清晰问题；加强中压线路站间联络，优化配置导线截面，合理设置中压线路分段点和联络点，满足负荷转供需求，解决无效联络问题，提高配电网转供能力。

2. 提高供电能力

密切跟踪县城、中心城镇和产业园区等经济增长热点，增加变（配）电容量，满足供电需求。控制专线用户接入，统筹使用间隔及通道资源。

3. 提升装备水平

选用技术先进、节能环保、环境友好型的设备设施。加强对入网设备质量的审查把关，提高设备可靠性。

4. 推进配电自动化建设

应用集中型或就地重合器为主的馈线自动化方式，在分支线和一般性节点采用"标准型二遥""动作型二遥"终端，合理选用光纤、无线、载波通信方式，提高配电网故障处理速度。

5. 满足分布式能源接入需求

重点优化考虑分布式电源接入的配电网规划技术，提高配电网的经济运行及就地消纳能力；推广分布式电源典型设计，提高分布式电源建设的效率和效益；开展继电保护升级改造，满足分布式电源的并网需求；优化分布式发电并网管理，提高配电网调度运行能力。

四、C、D 类供电区域

1. 加强网络结构

110（35）kV 电网采用双侧电源链式结构，加强中压主干线路之间的联络，在分区之间构建负荷转移通道。10kV 架空主干线根据线路长度和负荷分布情况进行合理分段，选择多分段适度联络式。中压电缆网目标接线选用双环式或单环式。

2. 提高供电能力

结合国家新型城镇化规划及发展需要，适度超前建设配电网；按照功能定位，紧密跟踪市区、县城、中心城镇和产业园区等经济增长热点，及时增加变（配）电容量，统筹使用间隔及通道资源，消除城镇用电瓶颈。

3. 提升装备水平

选用成熟可靠、经济实用的设备设施。适当提高中、低压线路绝缘化率，降低故障发生概率。逐步更换老旧设备，提高配电网安全性和经济性水平。在环境条件恶劣、自然灾害多发地区适当提高设备标准。

4. 推进配电自动化建设

应用集中型或就地重合器为主的馈线自动化方式，在分支线和一般性节点采用"标准型二遥""动作型二遥"终端，合理选用光纤、无线、载波通信方式，提高配电网故障处理速度。

5. 满足分布式能源接入需求

加快配套工程建设、提高设备配置水平、加强电网升级改造、合理应用储能等新技术，满足整县屋顶分布式光伏试点县、可再生能源示范县、多能互补示范工程等的分布式能源接入需求。

6. 加快推进小城镇、中心村电网建设

按照县、镇、村电网的统一规划，协调发展的原则，根据小城镇、中心村生产生活特点，做好用电需求预测，科学编制电网发展规划，适当提高建设标准，改善小城镇、中心村用电条件，充分发挥小城镇、中心村辐射带动作用。

思考题

1. 依据书中所提国内外配电网发展情况，对比分析本单位配电网发展水平。

2. 结合书中所提"十四五"城农网发展重点，研究本地区城农网发展重点。

3. 阐述"十四五"配电网发展原则。

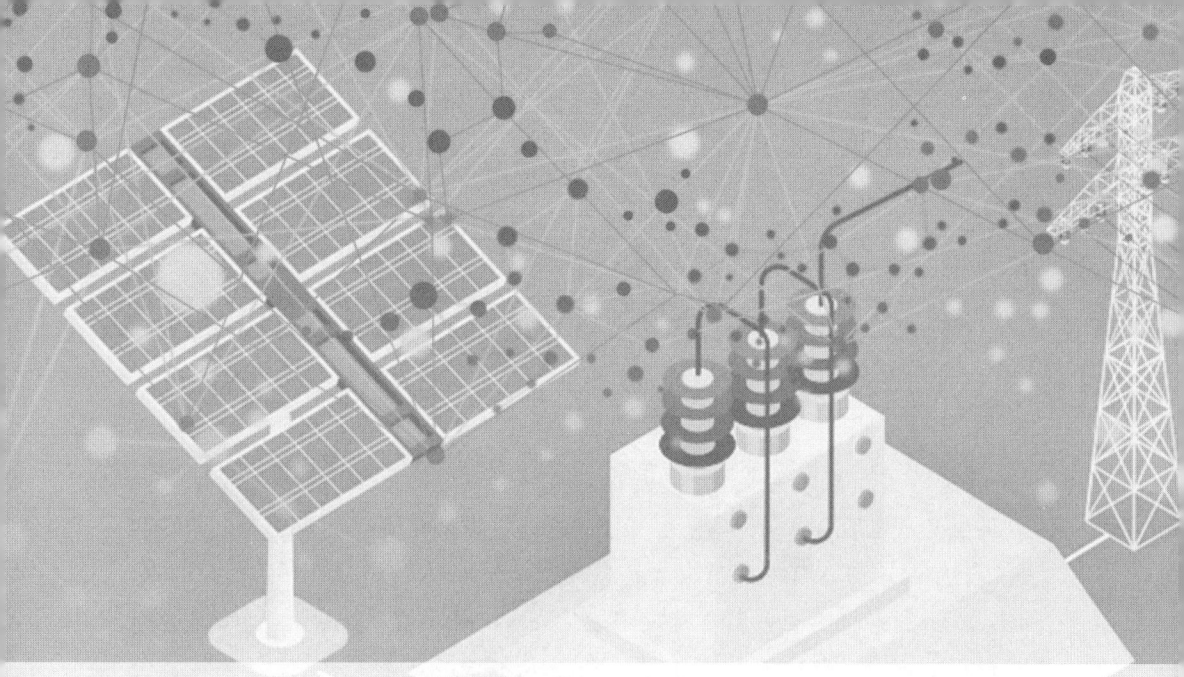

第二篇
配电网规划方法

第三章 新形势下配电网负荷预测

【本章重点】近年来，冬季居民采暖、交通运输等领域的电能替代工作取得了显著进展，电动汽车、电采暖、储能等多元化负荷逐步进入大规模接入阶段，配电网负荷发展面临新的形势。本章重点研究多元化负荷的负荷特性，提出新形势下配电网负荷预测方法——"标幺值曲线法"，对多元化负荷规模化接入配电网进行适应性分析，为从业者开展新形势下配电网负荷预测提供参考，为后续新型配电网绿色发展提供指导。

第一节 多元化负荷特性分析

多元化负荷指用电负荷特性与传统负荷发展变化不一致的新型负荷类别。多元化负荷主要包括建筑、工业、交通、农业、家庭领域的新型负荷。目前电采暖、电动汽车等多元化负荷发展趋势最为迅猛。

一、多元化负荷用电特性分析

（一）电采暖

对于电采暖，选取 B 市几个电采暖用户，居民电采暖冬季典型日负荷曲线如图 3-1 所示。

由图 3-1 可知，电采暖最大负荷一般出现在晚间时段的 22～次日 5 点，次高峰出现在中午时段的 11～15 点，其余时段为负荷低谷。

（二）电动汽车

1. 快速充电

电动汽车快速充电典型日负荷曲线如图 3-2 所示。

快速充电高峰一般在 13～16 点及 22～次日 2 点。以公交车、出租车为主采用快速充电。

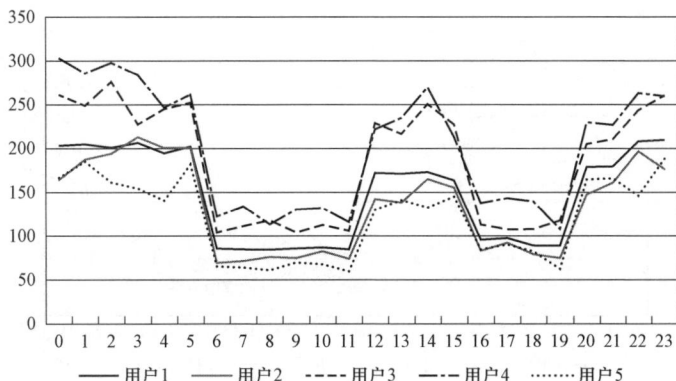

图 3-1　居民电采暖冬季典型日负荷曲线（单位：kW）

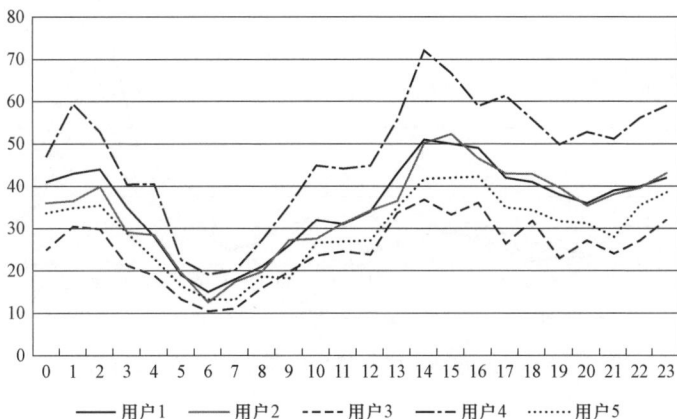

图 3-2　电动汽车快速充电典型日负荷曲线（单位：kW）

2. 常规充电

以 B 市电动汽车为例，电动汽车常规充电典型日负荷曲线如图 3-3 所示。常规充电高峰一般在夜间 22～次日 6 点。以家庭电动汽车充电为主。

（三）家庭领域

选取 B 市电热水器及电炊具使用率较高的几个成熟小区为例。家庭领域内电能替代负荷，居民家庭领域典型日负荷曲线如图 3-4 所示。

居民使用电炊具及电热水器的时间集中在晚上，负荷高峰出现 18～22 点，其余时间段负荷很小，全天峰谷差较大。

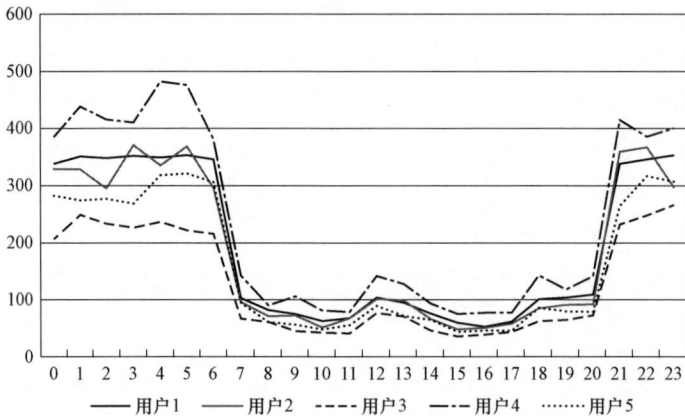

图3-3 电动汽车常规充电典型日负荷曲线（单位：kW）

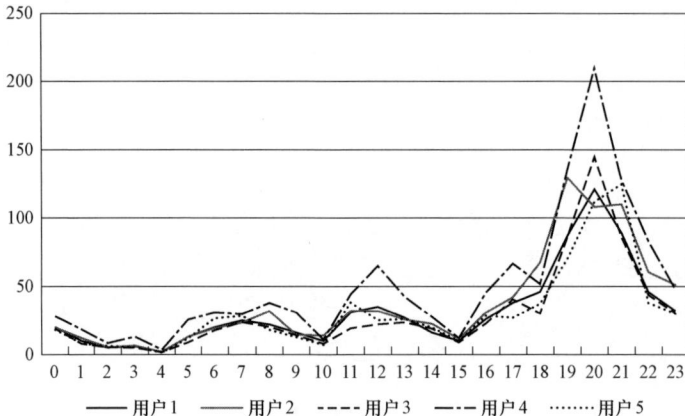

图3-4 居民家庭领域典型日负荷曲线（单位：kW）

二、电网负荷特性分析

1.年负荷特性曲线

对规划区域历史年负荷特性数据进行分析，并绘制年负荷特性曲线。

以M省为例，2015～2019年M省年负荷曲线如图3-5所示。依据历史年负荷曲线可以看出，目前负荷曲线有明显的夏（7、8月份）冬（12、1月份）季高峰和春秋季低谷特征。每年从进入迎峰度夏的6月份开始负荷快速上升，特别是7、8月份连续的高温天气使得最大负荷非常突出；进入冬季由于冷空气活动频繁，负荷又一次快速上升，12月份形成了8月份以来的又一个高峰，并延续至来年的1月份。当前随着新旧动能转换重大工程及电能替代的推进，产业结构加速调整、人民生活水平不断提高，空调保有量不断增加，而且近几年夏季极端高温天气频现，空调负荷激增，带动夏季负荷快速增长，夏季高峰明显高于冬季。

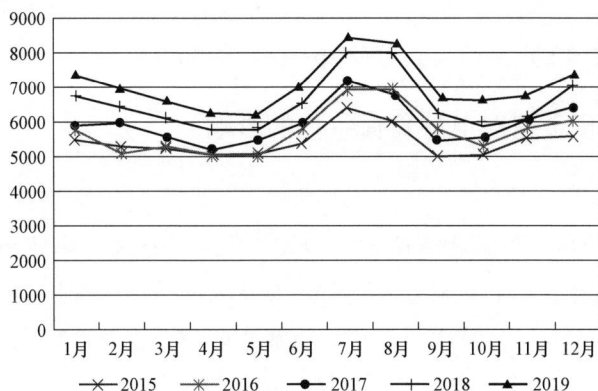

图 3-5 2015～2019 年 M 省年负荷曲线（单位：万 kW）

2. 日负荷特性曲线

选取典型日，绘制典型日负荷曲线。

以 M 省为例，典型日选取 2015～2019 年 M 省最大用电负荷日，2015～2019 年 M 省典型日负荷曲线如图 3-6 所示。从典型日负荷曲线中可以看出，2015～2019 各年之间典型日负荷曲线形状相似，变化规律相近。

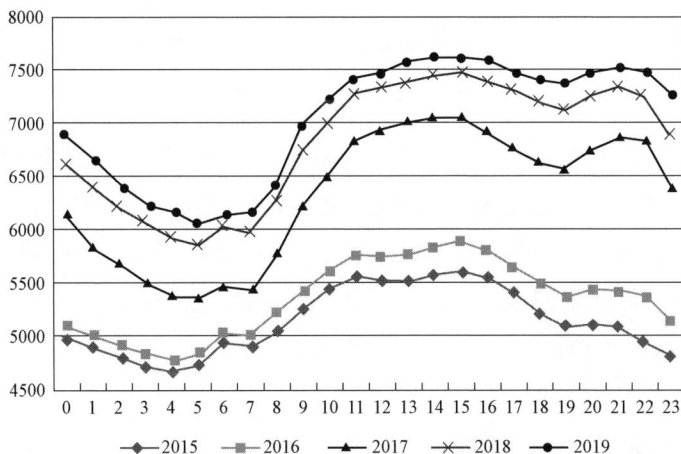

图 3-6 2015～2019 年 M 省典型日负荷曲线（单位：万 kW）

早高峰：各年典型日在 6 点均有一个小高峰，从 7～11 点前后，负荷不断攀升,11 点前后到达上午的顶峰。

午高峰:午高峰段为 15 点前后,且高峰段负荷相差较小曲线较平。

晚高峰:晚高峰段 21 点前后。

典型日负荷曲线高峰时段长,有较为明显的早、中、晚高峰,三峰值负荷差值较小,其中 13 点是白天高负荷段中相对的低谷。

三、多元化负荷对电网负荷特性的影响

1. 电采暖

以 B 市某小区 1 实施电采暖前后对比为例,小区 1 分散式电采暖替代负荷曲线如图 3-7 所示。未实施电采暖前为晚高峰,负荷高峰位于 20~22 点,负荷低谷位于 1~6 点。实施电采暖后,负荷高峰位于 20~23 点,负荷低谷位于 9~15 点,日最高负荷增加较大,日最小负荷增加较少,峰谷差率变大。

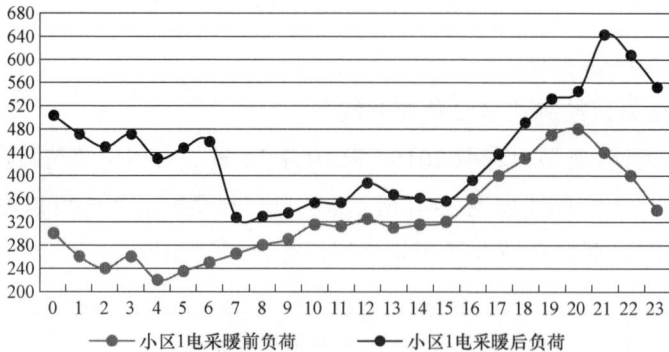

图 3-7　小区 1 分散式电采暖替代负荷曲线(单位:kW)

以 B 市某小区 2 实施电采暖前后对比为例,小区 2 分散式电采暖替代负荷曲线如图 3-8 所示。未实施电采暖前为午高峰,负荷高峰位于 11~16 点,负荷低谷位于 1~6 点。实施电采暖后,负荷为双高峰形态,午高峰位于 11~16 点,晚高峰位于 19~23 点,负荷低谷位于 9~11 点、14~16 点,日最高负荷增加较少,日最小负荷增加较大,峰谷差率变小。

2. 电动汽车

选取 B 市某居民小区增加常规充电桩前后的对比,某小区增加电动汽车充电桩前后负荷曲线如图 3-9 所示。未有电动汽车充电前,负荷高峰位于 19~22 点,负荷低谷位于 1~6 点,峰谷差率较大。有电动汽车充电后,由于电动汽车

常规充电时间在夜间，导致夜间负荷增大，负荷高峰仍为 19～22 点，负荷低谷改至 7～17 点。峰谷差率较之前略有降低。

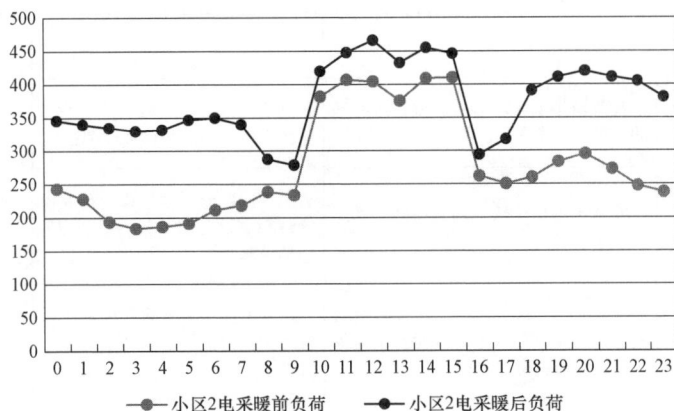

图 3-8　小区 2 分散式电采暖替代负荷曲线（单位：kW）

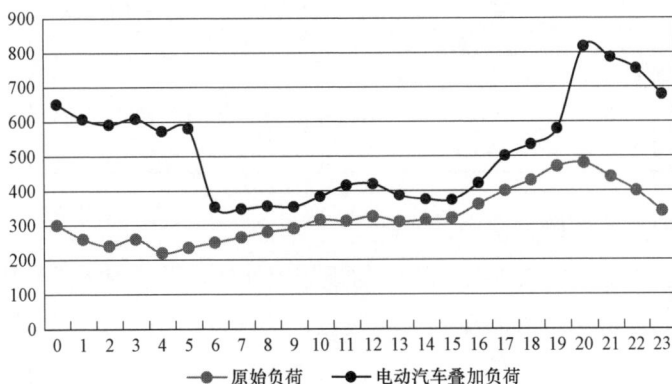

图 3-9　某小区增加电动汽车充电桩前后负荷曲线（单位：kW）

第二节　新形势下配电网负荷预测方法

一、负荷预测方法

1. 传统负荷预测方法

现有的负荷预测方法主要包括：负荷密度指标法、回归分析法、时间序列法、灰色预测法、大用户法等。各类传统负荷预测方法的优缺点及适用范围见表 3–1。

表 3–1　　　　　　　　　各类传统预测方法的优缺点和适用范围

预测方法	优点	缺点	适用范围
负荷密度指标法	负荷结果细致，对后续规划很有帮助，对远景负荷预测特别有用	需要数据多，需做大量细致的调研工作，密度指标难以把握	远景负荷预测
回归分析法	模型参数估计技术比较成熟，预测过程简单	线性回归分析模型预测精度较低；非线性回归预测计算开销大，预测过程复杂	中期负荷预测
时间序列法	从时间序列中找出负荷变化的特征、趋势及发展规律，从而对负荷的未来变化进行有效预测	没有考虑负荷变化的因素，只致力于数据的拟合，对规律性的处理不足	负荷变化比较均匀的短期预测
灰色预测法	要求负荷数据少，不考虑分布规律，不考虑变化趋势，运算方便，易于检验数据离散程度越大，即数据灰度越大，预测精度越差，改进模型可以进行短、中长期负荷预测	灰色预测只能适用于单一的指数规律发展的系统，并且数据离散程度越大，即数据灰度越大，预测精度越差	改进模型可以进行短、中长期负荷预测
大用户法	采用自然负荷+大用户两者结合的方法，比较精确	大用户投产的不确定性对精度影响较大	近中期、变化较大的负荷预测

在现有的负荷预测方法中：

（1）负荷密度指标法需要有详细的规划用地图，不适用于多元化负荷预测。

（2）回归分析法、时间序列法、灰色预测法以历史年负荷为基础，通过数学模型进行趋势外推得到目标年负荷，由于多元化负荷历史年数据有限，现有的数学模型不能通过趋势外推得到相应的增长率，因此以上负荷预测方法不适用于多元化负荷预测。

（3）大用户法由于大用户负荷不确定性较高，且多元化负荷多为低压接入，无法直接进行应用。

2. 标幺值曲线法

由于多元化负荷的用能特点、负荷特性及发展情况与传统负荷相比，有较大的差异。因此在进行负荷预测时，考虑将传统负荷和多元化负荷分别进行预测。本书提出了"标幺值曲线法"来进行负荷预测。

"标幺值曲线法"负荷预测思路如下：

（1）全网负荷=传统负荷+多元化负荷。

（2）传统负荷预测采用传统的一些负荷预测方法，如回归分析法、时间序列法、增长率法等。

（3）多元化负荷通过最大负荷利用小时数法、增长率法等方法预测，结合政策导向、能源消费特点得到不同类型的多元化负荷值。

（4）绘制传统负荷及各类多元化负荷的标幺值曲线。首先将传统负荷、不同类型的多元化负荷历史年负荷特性曲线，转换为现状年标幺值曲线。其次考虑季节、管理措施、技术手段等因素对负荷特性变化的影响，预测规划年传统负荷和多元化负荷标幺值曲线。

（5）将传统负荷和多元化负荷进行叠加。根据传统负荷和各类多元化负荷预测结果，利用规划年传统负荷及各类多元化负荷的标幺值曲线，对规划年夏季、冬季典型日进行负荷曲线拟合，得到规划年夏季、冬季典型日负荷预测结果。

标幺值曲线法负荷预测流程如图 3－10 所示。

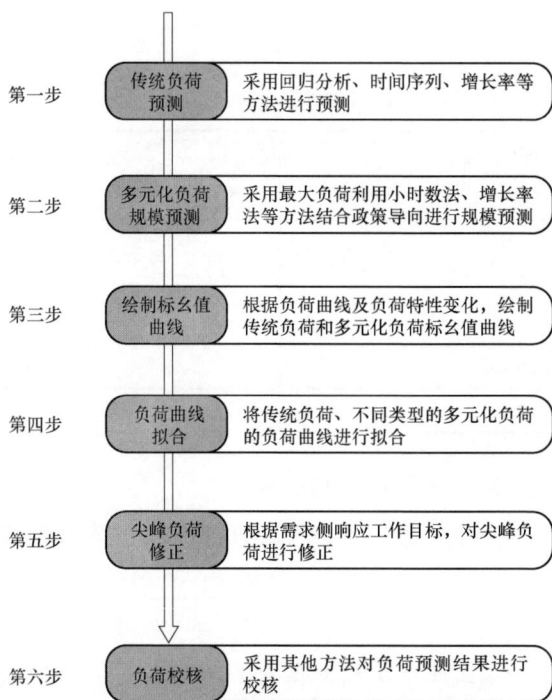

图 3－10　标幺值曲线法负荷预测流程

二、负荷预测方法应用模型及实例

采用"标幺值曲线法"对规划区域全网负荷进行预测共分为六步。

（一）第一步，传统负荷预测

依据规划区域历史年传统负荷数据，采用时间序列法、增长率法等方法，结合规划区域实际用电特点和趋势，确定规划区域传统负荷预测结果见表 3–2。

表 3–2　　　　　　　　　　　传统负荷预测结果

年份	传统负荷（MW）
规划基准年	P_1
...	...
规划水平年	P_n

以 M 省为例，综合考虑多种模型负荷预测结果、电网用电特性及其发展趋势，M 省传统负荷预测结果见表 3–3。规划期传统负荷年均增长 3.4%，到水平年达到 85 584MW。

表 3–3　　　　　　　　　　M 省传统负荷预测结果

年份	传统负荷（MW）
2020	72 284
2021	74 768
2022	77 336
2023	79 993
2024	82 742
2025	85 584

（二）第二步，多元化负荷规模预测

采用最大负荷利用小时数法、增长率法等方法结合政策导向、能源消费特点进行规模预测。

1. 电采暖

电采暖负荷规模预测主要采用增长率方法预测，同时考虑政策导向。

（1）分散式电采暖。

根据统计局数据，查找基准年规划区域总人口 H（万人），人均住宅面积 m

（m²），得出基准年住宅总面积为

$$M_1 = H \times m/10\,000 \text{（亿 m²）} \tag{3-1}$$

预测水平年新增公共和城镇住宅建筑面积 M_2，水平年建筑总面积为

$$M = M_1 + M_2 \text{（亿 m²）} \tag{3-2}$$

开展市场调查，综合分析历史年电采暖推广应用情况，预测水平年分散式电采暖应用面积达到原有建筑比例 R，新增公共和城镇住宅建筑电采暖潜力 R_2，电采暖单位面积铺装功率 p（W/m²），采暖期按 1400h 计算。则至水平年，电采暖用电量增加

$$L_1 = (M_1 \times R + M_2 \times R_2) \times p \times 1400 \text{（亿 kWh）} \tag{3-3}$$

以 M 省为例，预计水平年分散式电采暖应用面积达到原有建筑 25%，约 3.12 亿 m²，新增房屋潜力面积 0.55 亿 m²。电采暖单位面积铺装功率为 50W/m²，采暖期长约为 1400h，到水平年可增加用电量约 257 亿 kWh/年。

根据分散式采暖电量预测结果，分散式电采暖最大负荷利用小时数约 1300h。采用最大负荷利用小时数法，至水平年分散式电采暖最大负荷约 19 777MW。

（2）热泵。

预测水平年规划区域需要采暖的公共建筑面积和新建城镇住宅建筑面积 S（亿平方米），根据暖通相关知识可知，1m² 的公共建筑面积采暖负荷热泵机组大约需要用电负荷 0.015kW，供暖期取 120 天，制冷器取 60 天，每天热泵运行时间按 12h 考虑，水平年推广覆盖比例为 β，则到水平年规划区域热泵用电量为

$$L_2 = 0.015 \times S \times 180 \times 12 \times \beta = 32.4S \times \beta \text{（亿 kWh）} \tag{3-4}$$

以 M 省为例，预计水平年 M 省需要采暖的公共建筑面积和新建城镇住宅建筑面积约为 2.3 亿 m²，水平年推广覆盖率 45.29%，则到 M 省水平年用电量将达到 33.75 亿 kWh。

根据热泵电量预测结果，热泵最大负荷利用小时数约 1700～2000h。采用最大负荷利用小时数法，水平年 M 省热泵电采暖最大负荷约 1688～1985MW。

2. 电动汽车

结合相关资料，统计规划区域电动汽车历史年发展情况，同时以政策导向为基准，对电动汽车充电负荷规模进行预测，得到规划期末电动汽车发展数量，再采用最大负荷利用小时法、负荷叠加法进行充电负荷预测。规划区域电动汽

车发展情况见表 3-4。

表 3-4　　　　　　　　　　　规划区域电动汽车发展情况　　　　　　　　单位：万辆

年份	公交车	出租车	公务车	私家车	环卫物流等	合计
历史年 1	a_1	b_1	c_1	d_1	e_1	$a_1+b_1+c_1+d_1+e_1$
历史年 2	a_2	b_2	c_2	d_2	e_2	$a_2+b_2+c_2+d_2+e_2$
…	…	…	…	…	…	…
规划年	A_n	B_n	C_n	D_n	E_n	$A_n+B_n+C_n+D_n+E_n$

以 M 省为例，M 省电动汽车发展情况见表 3-5，基准年 M 省电动汽车保有量达到 33.59 万辆。结合政府规划，预计规划期 M 省电动汽车推广量提升至 50 万辆。预计至水平年，M 省电动汽车数量将升至 76 万辆。

表 3-5　　　　　　　　　　　M 省电动汽车发展情况　　　　　　　　　单位：万辆

年份	公交车	出租车	公务车	私家车	环卫物流等	合计
2015	0.48	0.34	0.18	2.84	0.21	4.05
2016	0.95	0.58	0.32	5.33	0.62	7.8
2017	1.54	0.94	0.54	11.32	0.94	15.28
2018	2.04	1.2	0.98	18.24	1.15	23.61
2019	2.57	1.54	1.16	26.89	1.43	33.59
2020	3.08	1.77	1.46	30.39	1.74	38.45
2021	3.70	2.04	1.84	34.34	2.13	44.04
2022	4.44	2.34	2.32	38.80	2.60	50.50
2023	5.33	2.69	2.92	43.84	3.17	57.96
2024	6.39	3.10	3.68	49.54	3.86	66.58
2025	7.67	3.56	4.64	55.98	4.72	76.58

（1）最大负荷利用小时数法。

根据市场调研情况，私家车、公务车、出租车等车重约 2t，目前技术下百公里耗电约 17kWh，而一辆公交或环卫物流车重 10～13t，载重后百公里耗电约 120kWh。

每种车型每天的耗电量情况为：① 对于公交车，按平均每天行驶 150km

计算，公交车每天耗电量大约 180kWh；② 对于环卫物流车，每天耗电约 160kWh；③ 对于出租车，一般按平均每天行驶 300km 计算，出租车一天耗电量约 51kWh；④ 对于公务车，平均每天行驶 40km，一天耗电量 7kWh；⑤ 对于私家车，平均每天行驶 30km，一天耗电量 5kWh。

结合电动汽车发展规模预测结果，得出水平年电动汽车用电量预测结果如下：

1）规划区域公交车年耗电量（万 kWh）为 $180 \times 365 \times A_n = 65\,700 B_n$。

2）规划区域出租车年耗电量（万 kWh）为 $51 \times 365 \times B_n = 18\,615 B_n$。

3）规划区域公务车年耗电量（万 kWh）为 $7 \times 365 \times C_n = 2555 C_n$。

4）规划区域私家车年耗电量（万 kWh）为 $5 \times 365 \times D_n = 1825 D_n$。

5）规划区域环卫物流等车辆年耗电量（万 kwh）为 $160 \times 365 \times E_n = 58\,400 E_n$。

6）规划区域电动汽车合计用电量（万 kwh）为

$$\Sigma_n = 65\,700 A_n + 18\,615 B_n + 2555 C_n + 1825 D_n + 58\,400 E_n \qquad (3-5)$$

规划年电动汽车用电量预测见表 3-6。

表 3-6　　　　　　　　　规划年电动汽车用电量预测　　　　　　　单位：万 kWh

年份	公交车	出租车	公务车	私家车	环卫物流等	合计电量
规划年	$65\,700 A_n$	$18\,615 B_n$	$2555 C_n$	$1825 D_n$	$58\,400 E_n$	Σ_n

根据市场调研结果，考虑目前技术下电池容量及充电时间，电动汽车年最大负荷利用小时数 2300～2600h。得出规划区域电动汽车用电量预测结果后，采用最大负荷利用小时数法计算水平年该区域电动汽车最大负荷 P（MW）。

$$P = \Sigma_n \times 10\,000 \div (2300 \sim 2600) \div 1000 = \Sigma_n/230 \sim \Sigma_n/260 \text{（MW）} \quad (3-6)$$

以 M 省为例，电动汽车用电量预测结果见表 3-7。

表 3-7　　　　　　　　　M 省电动汽车用电量预测　　　　　　　单位：万 kWh

年份	公交车	出租车	公务车	私家车	环卫物流等	合计电量
2021	243 090	37 974.60	4701.2	62 670.5	124 392	472 828.30
2022	291 708	43 559.10	5927.6	70 810.0	151 840	563 844.70
2023	350 181	50 074.35	7460.6	80 008.0	185 128	672 851.95
2024	419 823	57 706.50	9402.4	90 410.5	225 424	802 766.40
2025	503 919	66 269.40	11 855.0	102 163.5	275 648	959 855.10

采用最大负荷利用小时数法，选取最大负荷利用小时数 2600h，至水平年 M 省电动汽车最大负荷约 3692MW。

（2）充电负荷叠加法。

电动汽车快速充电取值为 60～120kW，常规充电取值为 7kW。

1）公务车。公务车未执行公务时，即可进行充电，因此在大多数情况下有充足的充电时间，其充电模式多采用常规充电。公务车充电时间选取为 13:00～18:00，按照一周两充模式，每天在充系数为 0.29。

2）出租车。出租车全部采用换电方式进行快速充电。充电时间选取为 13:00～15:00、22:00～次日 2:00，按照一天一充模式，每天在充系数为 1.00。

3）公交车。公交车全部采用快速充电模式，公交车按照一天两充模式，充电时间选取为 8:30～11:30、16:00～21:00，每天在充系数为 1.00。

4）私家车。根据私人用车习惯选取常规充电，快速充电作为补充应急充电。常规充电为一周一充模式，每天在充系数为 0.14，充电时间为 22:00～次日 6:00。

5）环卫车。环卫车行驶时间和路线均较为固定，在不执行任务时即可充电，选取常规充电，按照一周两充模式，每天在充系数为 0.29。

电动汽车负荷最高峰出现在 22:00 左右，此时各类电动汽车标幺值分别取 0.6、0.8、0.1、1.0、0.5 左右。综合考虑各类电动汽车在充数量、充电方式、充电时间，进行负荷叠加。规划区域电动汽车用充电负荷预测见表 3-8。

表 3-8　　　　　　　规划区域电动汽车用充电负荷预测

类型	数量	在充系数	充电负荷	标幺值	充电负荷
公交车	A_n	0.29	120	0.6	$20.88A_n$
出租车	B_n	1.00	60	0.8	$48B_n$
公务车	C_n	1.00	7	0.1	$0.7C_n$
私家车	D_n	0.14	7	1.0	$0.98D_n$
环卫物流等车	E_n	0.29	7	0.5	$1.015E_n$
合计	$\Sigma_n = 20.88A_n + 48B_n + 0.7C_n + 0.98D_n + 1.015E_n$				

以 M 省为例，M 省电动汽车充电负荷预测见表 3-9，至水平年 M 省电动汽车最大负荷为 3939MW。

表 3-9	M 省电动汽车充电负荷预测			单位：MW	
类型	数量（万辆）	在充系数	充电负荷	标幺值	充电负荷
公交车	7.67	0.29	120	0.6	1601.5
出租车	3.56	1.00	60	0.8	1708.8
公务车	4.64	1.00	7	0.1	32.5
私家车	55.98	0.14	7	1.0	548.6
环卫物流等车	4.72	0.29	7	0.5	47.9
合计	3939.3				

（3）两种预测方法互相校验。

若偏差在 10%以内，可根据区域实际情况选取较大值、较小值或算术平均值得出规划区域规划年电动汽车最大负荷；若偏差在 10%以上，则需对参数选取等预测过程及结果进行修正。

以 M 省为例，两种方法取算术平均值，水平年 M 省电动汽车最大负荷为3816MW。

3. 家庭领域

家庭电气化主要采用增长率法，同时参考不同地区能源消费特性，来进行负荷预测。

（1）电炊具方面。由于城镇地区天然气、液化石油气使用率较高，因而电炊具增长率较低。而农村地区由于管道或渠道问题，天然气、液化石油气等使用率较低，因而电炊具增长率较高。

（2）电热水器方面。由于农村地区有丰富的太阳能资源，且电热水器经济性较太阳能热水差，因而电热水器增长率较低。城镇地区太阳能资源较为匮乏，可以使用电热水器或燃气热水器，但由于北方地区冬天入户水温较低，瞬间出热水的话，水流量会特别小，水温也不平稳，因而电热水器增长率较高。

结合家庭电气化（电炊具、电热水器等）历史年数据，分析采用等增长率，考虑经济性方面的影响因素，进行适度人工干预。

以 M 省为例，规划期年均增长率为 7.31%，至水平年 M 省家庭电气化全社会负荷预测为 22 874MW。

4. 多元化负荷规模预测汇总

综合考虑多元化负荷历史年发展情况及未来不同政策的影响，对水平年多元化负荷规模进行预测，结合规划区域实际情况，负荷类别宜包括但不限于分散式电采暖负荷、热泵负荷、电蓄冷空调负荷、电锅炉负荷、电窑炉负荷、电动汽车负荷、农业电排灌负荷、家庭电气化负荷等。

以 M 省为例，得出多元化负荷规模预测结果见表 3-10。

表 3-10 多元化负荷规模预测结果 单位：MW

分类	2015 年	2020 年	"十三五"增长率	2021 年	2022 年	2023 年	2024 年	2025 年	"十四五"增长率
分散式电采暖负荷	2411.00	12 877.00	39.81%	14 257	15 637	17 017	18 397	19 777	8.96%
热泵负荷	186.00	1357.00	48.80%	1708	2059	2410	2761	3112	18.06%
电蓄冷空调负荷	96.00	909.00	56.77%	1244	1579	1914	2249	2584	23.24%
电锅炉负荷	361.00	2453.00	46.74%	2693	2933	3173	3413	3653	8.29%
电窑炉负荷	1.43	419.00	211.50%	469	519	569	619	669	9.81%
电动汽车负荷	56.00	1020.00	78.58%	1328	1729	2251	2930	3816	30.20%
农业电排灌负荷	369.00	2006.00	40.27%	2556	3106	3656	4206	4756	18.85%
电制茶/电烤烟负荷	3.00	1587.00	39.54%	26	31	36	41	46	23.72%
家庭电气化负荷	4009.00	16 074.00	32.01%	17 434	18 794	20 154	21 514	22 874	7.31%

（三）第三步，绘制标幺值曲线

1. 传统负荷规划年标幺值曲线

（1）绘制历史年夏、冬季典型日传统负荷标幺值曲线。

1）结合规划区域历史年典型日负荷，在扣除多元化负荷后得到传统负荷特性曲线。

以 M 省为例，绘制 M 省历史年夏季典型日传统负荷曲线如图 3-11 所示。

2）以规划区域历史年夏季、冬季典型日最大负荷作为基准值，典型日其他时刻负荷（有名值）除以基准值，得到历史年典型日 24 点的标幺值。

以 M 省为例，历史年夏季典型日传统负荷标幺值曲线如图 3-12 所示。

同理得到 M 省历史年冬季典型日传统负荷标幺值曲线，如图 3-13 所示。

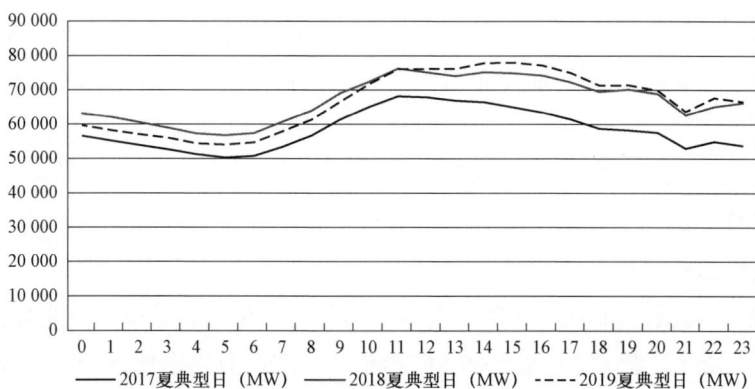

图 3-11　M 省历史年夏季典型日传统负荷曲线

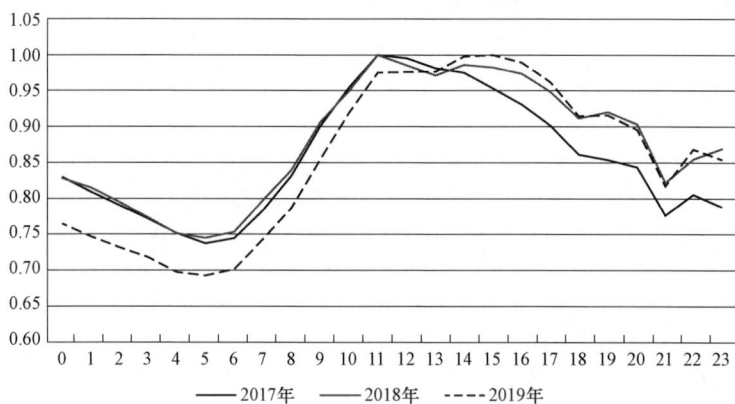

图 3-12　M 省历史年夏季典型日传统负荷标幺值曲线

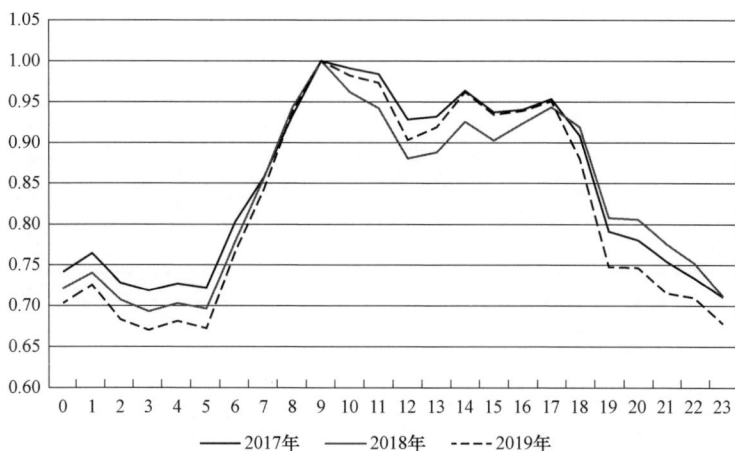

图 3-13　M 省历史年冬季典型日传统负荷标幺值曲线

由图 3-12 和图 3-13 可知，历史年夏季典型日传统负荷峰谷差率分别为 0.263、0.255、0.307，历史年冬季典型日传统负荷峰谷差率分别为 0.290、0.307、0.330。

（2）结合规划区域产业结构调整、空调负荷变化等情况，对传统负荷标幺值曲线在规划年的变化情况进行定性分析，并绘制规划区域规划年夏、冬季典型日传统标幺值曲线。

以 M 省为例，M 省规划期夏季和冬季典型日传统负荷曲线分别如图 3-14和图 3-15 所示。随着 M 省产业结构调整，第三产业用电比例增加，同时空调负荷进一步增长，预计规划期传统负荷峰谷差率会有所增大。夏季用电高峰仍位于 11:00～15:00，冬季用电高峰位于 9:00～11:00。

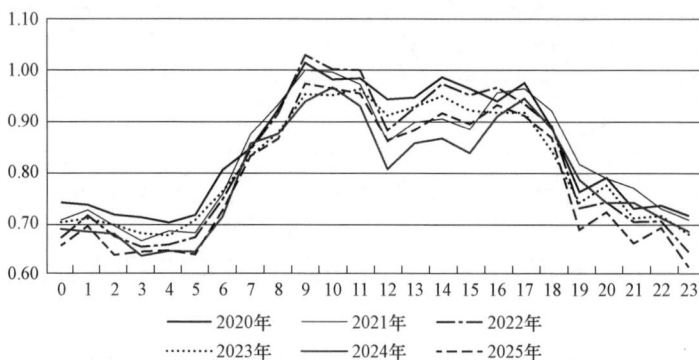

图 3-14 M 省规划期夏季典型日传统负荷曲线

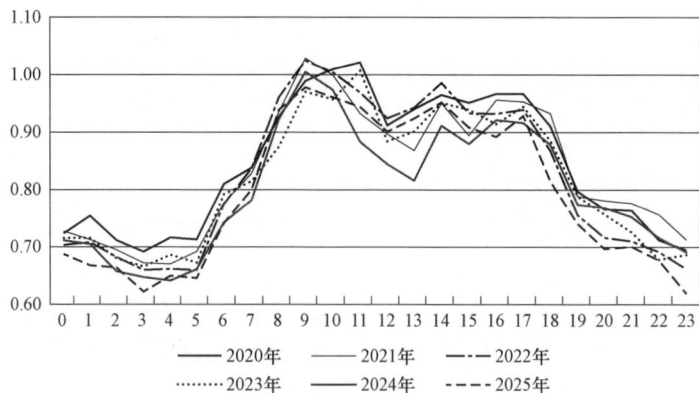

图 3-15 M 省规划期冬季典型日传统负荷曲线

2. 多元化负荷规划年标幺值曲线

结合规划区域不同类型的多元化负荷特性曲线，得到相应的标幺值曲线，通过标幺值曲线计算规划年不同类型的多元化负荷夏季、冬季典型日负荷值。以下选取分散式电采暖、电动汽车和家庭电气化负荷来进行说明。

（1）分散式电采暖标幺值曲线。

分散式电采暖负荷受季节因素影响较大，仅冬季有用电负荷。结合分散式电采暖用户负荷特性曲线，得到相应的标幺值曲线。若规划年分散式电采暖负荷特性较为稳定，则标幺值曲线无需调整。

以 M 省为例，水平年分散式电采暖典型日负荷标幺值曲线如图 3-16 所示。

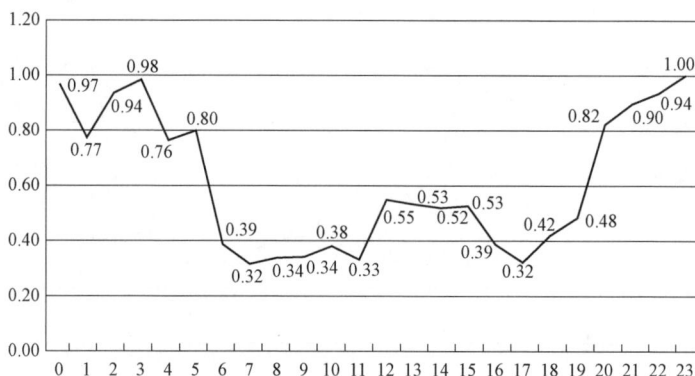

图 3-16　水平年分散式电采暖典型日负荷标幺值曲线

（2）电动汽车典型日标幺值曲线。

电动汽车充电负荷与季节有关，在冬季充电时间会延长。随着换电模式的逐渐发展，常规充电时间也将由夜间为主慢慢转向全天充电。电动汽车充电日负荷率会逐渐增大，峰谷差率减少。结合电动汽车的负荷特性曲线，综合考虑两种充电方式数量的变化及充电时间的变化，得到规划年相应的标幺值曲线。

以 M 省为例，水平年电动汽车夏季和冬季典型日负荷标幺值曲线分别如图 3-17 和图 3-18 所示。

（3）家庭电气化典型日负荷。

家庭电气化负荷受季节因素影响较小。家庭电气化现状年及规划年负荷特性基本一致。结合家庭电气化用户的负荷特性曲线，得到相应的标幺值曲线。

以 M 省为例，水平年家庭电气化典型日负荷标幺值曲线如图 3-19 所示。

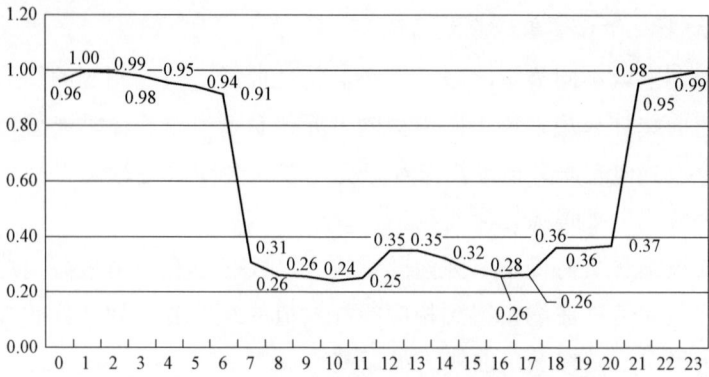

图3-17　水平年电动汽车夏季典型日负荷标幺值曲线

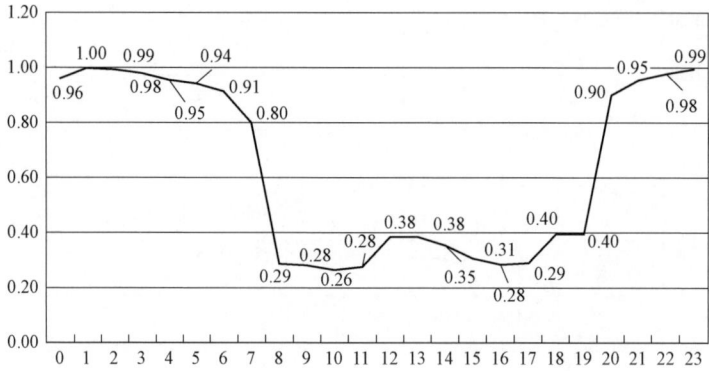

图3-18　水平年电动汽车冬季典型日负荷标幺值曲线

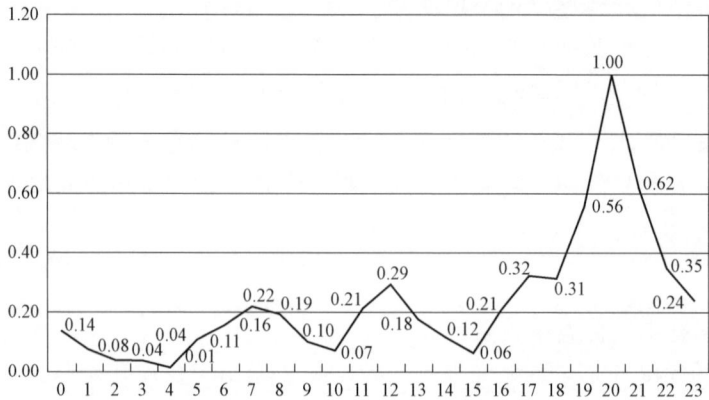

图3-19　家庭电气化典型日负荷标幺值曲线

（四）第四步，将传统负荷、不同类型的多元化负荷的负荷曲线进行拟合

1. 夏季负荷曲线叠加

以规划年传统负荷最大负荷预测结果作为基准值，结合相应的夏季标幺值曲线，得到规划年传统负荷夏季典型日 24 点负荷值（有名值）。以规划年多元化负荷最大负荷预测结果作为基准值，结合相应的夏季标幺值曲线，得到规划年多元化负荷夏季典型日 24 点负荷值（有名值）。

以 M 省为例，将规划年传统负荷和多元化负荷夏季典型日 24 点负荷值（有名值）进行负荷曲线叠加，得到规划年夏季典型日负荷预测结果见表 3-11。

表 3-11　　　　　M 省规划年夏季典型日负荷预测结果　　　　　单位：MW

夏季典型日	2020 年	2021 年	2022 年	2023 年	2024 年	2025 年
0 点	75 704	79 601	83 643	87 831	92 189	96 759
1 点	72 597	76 318	80 182	84 190	88 367	92 753
2 点	70 451	74 052	77 794	81 680	85 732	89 993
3 点	68 769	72 278	75 927	79 719	83 675	87 839
4 点	66 971	70 402	73 971	77 681	81 553	85 630
5 点	66 328	69 721	73 251	76 921	80 753	84 790
6 点	68 574	72 112	75 788	79 606	83 586	87 772
7 点	65 426	68 097	70 838	73 650	76 536	79 499
8 点	70 046	72 920	75 867	78 890	81 992	85 174
9 点	75 126	78 153	81 259	84 448	87 722	91 084
10 点	78 779	81 842	84 991	88 228	91 557	94 980
11 点	82 829	86 011	89 284	92 651	96 115	99 680
12 点	85 301	88 718	92 227	95 829	99 529	103 330
13 点	86 784	90 330	93 968	97 700	101 529	105 458
14 点	86 626	90 064	93 595	97 222	100 948	104 777
15 点	85 671	89 006	92 435	95 960	99 584	103 312
16 点	84 055	87 297	90 630	94 060	97 587	101 217
17 点	84 200	87 566	91 022	94 571	98 216	101 960
18 点	82 190	85 608	89 111	92 702	96 385	100 161
19 点	82 094	85 500	88 991	92 570	96 240	100 005
20 点	84 516	88 221	92 010	95 885	99 850	103 907
21 点	87 935	92 598	97 369	102 259	107 282	112 470
22 点	86 408	90 805	95 313	99 947	104 718	109 659
23 点	81 069	85 082	89 206	93 453	97 837	102 389

2. 冬季负荷曲线叠加

以规划年传统负荷最大负荷预测结果作为基准值，结合相应的冬季标幺值曲线，得到规划年传统负荷冬季典型日 24 点负荷值（有名值）。以规划年多元化负荷最大负荷预测结果作为基准值，结合相应的冬季标幺值曲线，得到规划年多元化负荷冬季典型日 24 点负荷值（有名值）。

以 M 省为例，将规划年传统负荷和多元化负荷冬季典型日 24 点负荷值（有名值）进行负荷曲线叠加，得到规划年冬季典型日负荷预测结果见表 3－12。

表 3－12　　　　　　　　　M 省规划年冬季典型日负荷预测结果　　　　　　单位：MW

夏季典型日	2020 年	2021 年	2022 年	2023 年	2024 年	2025 年
0 点	65 654	69 188	74 038	77 585	82 917	88 772
1 点	62 962	67 210	71 783	75 914	81 074	86 770
2 点	62 346	66 697	71 356	75 586	80 802	86 529
3 点	61 788	66 116	70 747	75 471	80 703	86 436
4 点	61 099	65 363	69 934	72 432	77 391	82 859
5 点	61 904	66 322	71 044	72 579	77 568	83 062
6 点	63 748	68 017	72 628	72 649	77 455	82 822
7 点	65 128	69 151	73 512	73 873	78 449	83 545
8 点	70 185	74 213	78 615	81 206	86 117	91 609
9 点	74 236	78 493	83 150	86 715	91 999	97 903
10 点	75 809	80 400	85 383	85 986	91 249	97 120
11 点	75 928	80 627	85 716	84 569	89 741	95 516
12 点	72 492	77 067	82 004	83 384	88 627	94 428
13 点	72 499	76 984	81 837	84 530	89 843	95 723
14 点	74 295	78 752	83 595	87 513	92 973	99 028
15 点	74 684	79 366	84 421	85 193	90 503	96 390
16 点	74 972	79 721	84 845	83 041	88 153	93 846
17 点	74 889	79 581	84 654	83 024	88 116	93 797
18 点	75 371	80 584	86 148	79 349	84 304	89 803
19 点	74 551	80 450	86 648	70 157	74 595	79 496
20 点	73 146	78 805	84 762	76 878	81 977	87 537
21 点	71 974	77 587	83 521	77 881	83 260	89 169
22 点	68 580	73 685	79 108	77 817	83 176	89 062
23 点	65 483	70 301	75 425	76 594	81 912	87 737

结合上述负荷曲线叠加结果，将夏季负荷曲线与冬季负荷曲线进行比较，选取最大值作为年负荷预测结果。

以 M 省为例，M 省规划年夏季负荷预测结果比冬季大，故选取夏季负荷预测结果作为规划年负荷预测结果。

（五）第五步，尖峰负荷修正

充分考虑需求侧响应等工作影响，合理预测需求侧机动调峰能力百分数，对负荷预测峰值进行修正。

以 M 省为例，考虑需求侧响应水平，规划期将实现最大直调负荷 5% 的需求侧机动调峰能力。负荷预测结果中，规划年负荷峰值下调 5%，得到 M 省2020～2025 年全网用电负荷预测结果见表 3-13。

表 3-13　　　　　M 省 2020～2025 年全网用电负荷预测结果　　　　单位：MW

年份	传统负荷	多元化负荷	全网用电负荷叠加值	全网用电负荷修正值
2020	72 284	15 651	87 935	83 538
2021	74 768	17 830	92 598	87 968
2022	77 336	20 033	97 369	92 501
2023	79 993	22 266	102 259	97 146
2024	82 742	24 540	107 282	101 918
2025	85 584	26 886	112 470	106 847

M 省基准年全网用电负荷预测结果为 83 538MW，水平年全网用电负荷预测结果为 106 847MW。规划期全网用电负荷年均增长率约 5.04%。

（六）第六步，采用神经网络法对负荷结果进行校验

采用 BP 神经网络法预测，对归一法预测结果进行相互校验。

1. 样本选取

选取历史年全社会负荷及各类用电负荷数据作为样本。

以 M 省为例，样本选取结果即样本数据表见表 3-14。

表 3-14　　　　　　　　　　　样 本 数 据 表　　　　　　　　　　单位：MW

年份	全社会负荷	建筑类负荷	工业类负荷	交通类	农业类	家庭领域	电化学储能	抽水蓄能
2015	77 600.0	2450.6	358.4	55.1	342.6	4009.0	0.0	500.0
2016	83 800.0	5119.7	757.2	138.1	671.9	6344.0	0.0	800.0
2017	89 300.0	7436.5	1178.0	336.6	1006.0	8668.0	300.0	1200.0
2018	98 700.0	9523.2	1659.7	544.9	1283.4	10873.0	600.0	1500.0
2019	101 000.0	11 122.9	2151.1	755.1	1538.1	13 114.0	800.0	1700.0

2. 网络结构设计

将训练样本数据归一化后输入网络，设定网络隐层和输出层激励函数分别为 tansig 和 logsig 函数，网络训练函数为 traingdx，网络性能函数为 mse，隐层神经元数初设为 11。设定网络参数，网络迭代次数 epochs 为 25 000 次，期望误差 goal 为 0.000 1，学习速率为 0.14。设定完参数后，开始训练网络。

3. 预测结果

用 BP 神经网络预测法得到规划年负荷数据，并与标幺值曲线法预测结果进行对比，误差允许范围 5%。

以 M 省为例，BP 神经网络法全社会最大负荷预测结果见表 3–15。

表 3–15　　　　　BP 神经网络法 M 省全社会最大负荷预测结果　　　　单位：MW

年份	全网负荷	建筑类负荷	工业类负荷	交通类	农业类	家庭领域	电化学储能	抽水蓄能
2020	85 510	15 600.1	2844.1	1000.1	1860.1	16 074	1000	2000
2021	90 570	20 077.3	3537.1	1245.1	2182.1	19 034	1200	2250
2022	95 590	24 554.5	4230.1	1490.1	2504.1	21 994	1430	2540
2023	100 730	29 031.7	4923.1	1735.1	2826.1	24 954	1700	2860
2024	105 880	33 508.9	5616.1	1980.1	3148.1	27 914	2020	3220
2025	111 080	37 986.1	6309.1	2225.1	3470.1	30 874	2420	3630

至水平年 BP 神经网络预测法预测 M 省全网负荷为 111 080MW，标幺值曲线法得到的 M 省水平年全社会负荷为 106 847MW。两种方法预测误差率低于 2%，预测结果较为合理。

第三节　多元化负荷接入配电网适应性分析

一、多元化负荷规模化接入对配电网的影响

随着接入配电网的多元化负荷类型越来越多，在丰富电网结构的同时，也增加了电网的复杂性，改变了电网的平衡情况，在供电可靠性、电能质量、网架结构等方面为配电网带来了更大挑战。

1. 供电可靠性

供电可靠性对配电网末端用户用电具有重要意义。通常，衡量供电可靠性

的指标是在规定时间内用户的停电频次。目前，配电网设备复杂，调整风险较大，因此应尽可能保证配电网在某一稳态点长时间安全运行。由于不同多元化负荷设备的负荷特性不同，若接入的多元化负荷使电网的峰谷差进一步加大，则会提高配电网设备的调整动作频次，从而降低供电可靠性。

2. 电能质量

大量接入的多元化负荷会导致接入点的功率需求大大增加，使得为其供电的线路传输功率加大，线路的电压降落加大，严重者甚至会使节点电压不能满足相应标准，造成电压失稳。接入的非线性多元化负荷设备会产生谐波电流，谐波在注入电网后就会造成电能质量下降，而有些对电能质量要求较高的设备，若电能质量差，将无法满足设备的工作要求，影响电网架构进而影响人们的正常生活。

3. 网架结构

对于负荷特性与原电网负荷特性相似的多元化负荷设备，其大规模接入电网后势必会大幅度提高最大负荷，进而会加重当地电力系统的负担，可能引起配网的局部过负荷问题，并可能导致配网线路因电能需求波动过大而发生事故，降低当地电网的"$N-1$"通过率和可转供率。

二、多元化负荷规模化接入对电网规划工作的需求

多元化负荷的迅速发展将对电网规划工作产生重要影响。各阶段工作均需相应性修订，以满足多元化负荷发展的需求。

1. 多元化负荷改变了各地区负荷预测信息和电力电量平衡，需要修订电网规划方案

现有电网规划和负荷预测均依据自然增长的负荷信息，未考虑电多元化负荷的大规模、集中式、爆发式接入，部分地区负荷激增，甚至可能翻倍。分地区负荷预测、电力平衡及各电压等级电网规划容量均需相应修订，以满足多元化负荷的接入需求。

2. 多元化负荷改变了各地区冬夏季负荷差、冬季最大负荷时点、峰谷差等，使进一步优化电网运行成为可能

随着冬季采暖负荷的增大，电网冬夏负荷差额减小，甚至可能冬季最大负荷高于夏季，这对于平衡季节性负荷、提高设备全年平均利用效率具有积极意义。此外，基于蓄热式电暖器的电采暖工程可以在夜间用电低谷时运行蓄热，

白天用电高峰期停运散热，减小日负荷峰谷差，减轻调峰压力。同时，蓄热式电暖器作为一种储能设备，具有参与需求侧响应的潜力和优势，使基于蓄热式电采暖的优化运行成为可能。电采暖实施后，冬季最大负荷时刻可能由现在的18:00左右变为采暖负荷大量接入的22:00左右，需要在安排电网运行方式时予以注意。电采暖设备在22:00统一启动，峰值用电负荷将是前一时刻基础负荷的2～3倍，冲击电流较大，容易对电网设备造成危害，因此需要加强用户负荷侧管理，合理安排电采暖设备启动时序，选择恰当时间间隔分批启动，避免出现尖峰负荷。

3. 多元化负荷使局部地区负荷激增，需要加强配套电网工程的建设规模和建设标准

电采暖实施后，居民生活对电力的依赖性更强，长时间停电对居民生活将造成重大影响。为满足煤改电负荷接入需求，需要优化高压配电网项目的建设时序，新增部分"十四五"规划项目或提前开展部分项目。另一方面，电采暖工程使户均供电负荷大幅增长，负荷密度显著增大，部分10kV配电变压器和线路需要更换为大容量配电变压器和大截面型号导线。

思考题

1. 多元化负荷接入对配电网的影响还可能涉及哪些方面？

2. 结合本单位实际，阐述"标幺值曲线法"预测思路。

3. 结合本章内容，制订本单位新形势下配电网负荷预测方案。

第四章 乡村振兴战略下网格化规划

【本章重点】"十四五"是全面推进乡村振兴战略的关键时期,是实现农村地区清洁低碳能源转型的窗口期,农村电网面临着全新的机遇和挑战,需要科学合理的乡村电网网格化规划方法,来全面巩固提升农村电力保障水平。山东公司将城市电网网格化规划方法推广到乡村电网,以乡镇为网格单位、以村庄为最小单位,细化规划颗粒度,全面提高了规划精益性和项目精准性。本章主要介绍农村电网规划总体思路、配电网分析指标体系构建、乡村网格划分方法、基于乡村负荷组的负荷预测方法、乡村中压网架规划方法等内容,为相关规划人员开展乡村电网网格化规划提供指导。

第一节 规 划 总 体 思 路

根据乡村振兴时期农村配电网的特点,以问题为导向,通过对现行规划方法的适应性分析,找出乡村地区开展网格化规划存在的困难和问题;以"高精准度、强实施性、易操作性"为目标,构建乡村地区网格化规划体系。具体规划思路如图4-1所示。

一、现行规划方法适应性分析

1. 乡村地区典型特征

负荷方面,分布分散但局部集中、季节性特征明显、负荷密度较城市地区小;产业方面,农业是其重要组成部分,工业受资源优势等因素影响地区差异性较大,商业服务业较城市地区发展不均衡问题突出;土地性质方面,农业用地面积较大,除居住用地外的其他建设用地的使用性质存在不确定性,部分地区存在山体、水域、滩涂等大量无电用地。

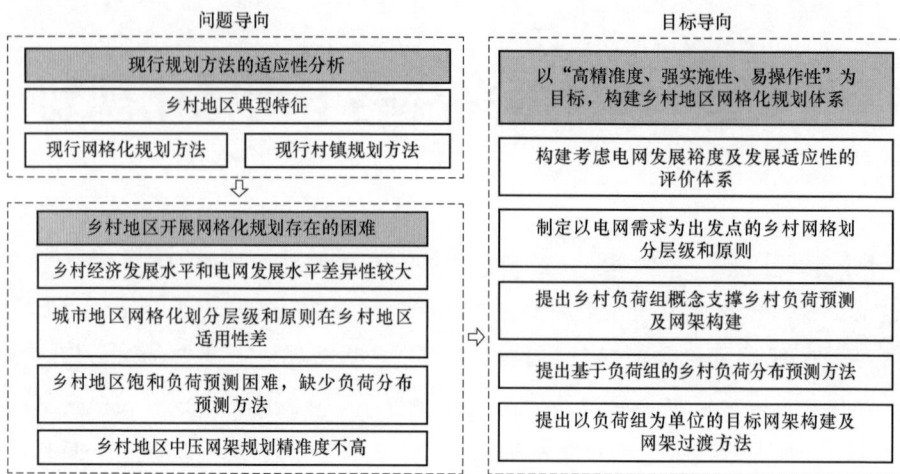

图 4-1　规划思路图

2. 现行网格化规划方法

现行网格化规划方法系统地给出了城市地区中压网架的构建及过渡方法，全面提高了规划精益性和项目准确性，但仅适用于 B 类及以上供电区域、用地性质相对确定且具有详细规划的地区。

3. "一图一表"村镇规划方法

"一图一表"村镇规划以乡镇、村庄为单位开展中压网架规划及台区布局规划，提高了规划的颗粒度，提出了区域组网的工作思路，在网架规划方面取得了良好效果。但"一图一表"村镇规划也存在负荷预测精准性不高，对负荷分布的研究不够等问题，限制了网架规划精准性的进一步提高。

二、乡村地区开展网格化规划存在的困难

一是乡村经济发展水平和电网发展水平差异性较大，需深入研究电网发展水平与负荷发展水平的匹配关系，差异化制定电网发展策略；二是城市网格化划分原则在乡村地区适用性差，需基于乡村土地规划及负荷分布特征构建高适用性的网格化划分原则；三是乡村地区饱和负荷预测困难，缺少合理的负荷预测依据及方法，需提出一种兼顾精准性和实施性的负荷预测方法；四是中压网架规划精度不高，需在明确负荷分布的前提下进一步提高中压网架廊道选择及分段配置的精准度。

三、构建乡村电网网格化规划方法

在充分融合现有的城市网格化规划方法和村镇规划方法的基础上，结合乡村地区典型特征对已有成果进行适用性调整，以"高精准度、强实施性、易操作性"为目标，构建乡村电网网格化规划体系，重点从网格划分、负荷预测、网架构建三个方面进行突破。

第二节　配电网分析指标体系构建

一、配电网发展裕度及发展适应性

现有配电网现状分析体系的指标种类已非常全面和丰富，但新电改形势下对电网精准投资的要求越来越高，同时乡村配电网往往存在地区发展差异性较大、设备效率不均衡问题。为解决上述问题，本节在乡村供电网格层面采用"配电网发展裕度"和"配电网发展适应性"两个宏观指标，前者衡量电网发展与负荷发展的匹配情况，后者衡量电网设备效率分布情况，两者配合使用、相互比对，与配电网其他分析指标共同指导乡村电网的发展策略和建设重点的制定。

1. 配电网发展裕度

配电网发展裕度指 10kV 公用线路容量配置与负荷增长的匹配关系。计算公式为

$$f = \log_{(1+K_p)}\left(\frac{P_1}{P_2}\right) \qquad (4-1)$$

式中：f 为配电网发展裕度；K_p 为历史近三年 10kV 网供负荷年均增长率；P_1 为现状 10kV 主干线在满足"$N-1$"条件下最大可接带容量；P_2 为现状 10kV 网供负荷。

P_1 的计算公式为

$$P_1 = k_1 \times p_1 + k_2 \times p_2 + k_3 \times p_3 + \cdots + k_n \times p_n \qquad (4-2)$$

式中：p 为单条 10kV 线路最大可接带容量；k_n 为结构系数，当 10kV 线路结构为单辐射时 $k_n = 1$，当 10kV 线路结构为单联络时 $k_n = 0.5$，当 10kV 线路结构为两联络时 $k_n = 0.67$，当 10kV 线路结构为三联络时 $k_n = 0.75$。

考虑新建 10kV 线路工程建设周期为 1 年，另外中压配电网新增负荷接入随机性大，为保证中压配电网留有足够的发展不确定性保障容量，建议一般情况下，当 $f > 3$ 时，代表线路容量超前于负荷发展水平；当 $f < 1$ 时，代表线路容量滞后于负荷发展水平。

2. 配电网发展适应性

配电网发展适应性指配电网设备供电能力与所接带负荷的分布匹配程度，计算公式为

$$b = 1 - \sqrt{\frac{1}{n}\sum_{i=1}^{n}\left(R_i - \frac{1}{n}\sum_{i=1}^{n}R_i\right)^2} \qquad (4-3)$$

式中：b 为配电网发展适应性；R_i 为单个设备最大负载率；n 为设备总数量。

当配电网发展裕度指标较好时，配电网发展适应性越接近于 1，设备的最大负载率分布越均匀，电网的运行经济性及对地区发展的适应性越好；相反，配电网发展适应性越接近于 0，设备的最大负载率分布越不均衡，电网的运行经济性及对地区发展的适应性越差。

二、配电网现状分析指标体系

从网架结构、设备水平、供电能力、设备利用效率、供电质量、智能化水平等维度，构建乡村配电网现状分析指标体系见表 4-1。

表 4-1　　　　　　　　　乡村配电网现状分析指标体系表

序号	分类	一级指标	二级指标
1	高压配网	网架结构	110（35）kV 主变压器 $N-1$ 通过率（%）
2			110（35）kV 线路 $N-1$ 通过率（%）
3			110（35）kV 单线或单变站占比（%）
4		设备水平	110（35）kV 变电站综合自动化率（%）
5			110（35）kV 老旧变电设备占比（%）
6			110（35）kV 老旧线路设备占比（%）
7		供电能力	110（35）kV 容载比
8			110（35）kV 变电站最大负载率平均值（%）
9			110（35）kV 变电站平均负载率（%）
10			110（35）kV 线路最大负载率平均值（%）
11			110（35）kV 线路平均负载率（%）
12			110（35）kV 变电站 10kV 间隔利用率（%）

续表

序号	分类	一级指标	二级指标
13	高压配网	设备利用效率	110（35）kV 主变压器重过负荷比例（%）
14			110（35）kV 主变压器轻负荷比例（%）
15			110（35）kV 线路重过负荷比例（%）
16			110（35）kV 线路轻负荷比例（%）
1	中低压配网	网架结构	10kV 线路联络率（%）
2			10kV 线路 $N-1$ 通过率（%）
3			10kV 线路平均供电半径（km）
4			10kV 线路标准化接线率（%）
5			10kV 线路平均分段数
6			低压线路平均供电半径（m）
7			供电半径偏长台区比例（%）
8		设备水平	10kV 架空线路绝缘化率（%）
9			10kV 线路截面标准化率（%）
10			高损耗配电变压器比例（%）
11		供电能力	配电网发展裕度
12			10kV 线路最大负载率平均值（%）
13			10kV 线路平均负载率（%）
14			10kV 线路平均配电变压器装接容量（MVA）
15			户均配电变压器容量（kVA/户）
16			配电变压器最大负载率平均值（%）
17		设备利用效率	配电网发展适应性
18			10kV 线路重过负荷比例（%）
19			10kV 线路轻负荷比例（%）
20			配电变压器重过负荷比例（%）
21			配电变压器轻负荷比例（%）
22		供电质量	10kV 线路电压合格率（%）
23			10kV 及以下综合线损率（%）
24			低电压台区比例（%）
25			低电压用户数占比（%）
26		智能化水平	配电自动化覆盖率（%）
27			分布式电源渗透率（%）
28			配电自动化终端在线率（%）

注 老旧设备占比、高损耗配电变压器比例、线路截面标准化率等指标选自《配电网发展规划评价技术规范》（Q/GDW 11615—2017）。

三、现状问题排序

对配电网分析出的现状问题,列出问题清单,并按问题紧迫程度划分为非常紧迫、紧迫和一般三种类型。乡村配电网现状问题分类及排序见表4-2。

表4-2　　　　　　　　乡村配电网现状问题分类及排序

设备类型	问题类型	问题清单	问题紧迫程度
变电站	网架结构	存在单线单变可靠性问题	紧迫
		主变压器不满足$N-1$校验	紧迫
	设备水平	老旧变电站	非常紧迫
	供电能力	主变压器重负荷	紧迫
		主变压器过负荷	非常紧迫
	利用效率	主变压器轻负荷	一般
		不平衡主变压器	一般
高压线路	网架结构	线路不满足$N-1$校验	紧迫
	设备水平	老旧线路	非常紧迫
	供电能力	线路重负荷	紧迫
		线路过负荷	非常紧迫
	利用效率	线路轻负荷	一般
中压线路	网架结构	单辐射线路	紧迫(C类)/一般(D类)
		线路不满足$N-1$校验	紧迫(C类)/一般(D类)
		线路供电半径过长	一般
		非标准接线	一般
		配电变压器装接容量过大	一般
		线路分段数不足	一般
		线路分段负荷分配不合理	一般
	设备水平	存在裸导线(C类供电区)	一般
		老旧线路	非常紧迫
	供电能力	线路重负荷	紧迫
		线路过负荷	非常紧迫
	利用效率	线路轻负荷	一般
	供电质量	线路低电压	紧迫
	智能化水平	未实现配电自动化	一般

设备类型	问题类型	问题清单	问题紧迫程度
台区	网架结构	低压线路供电半径过长	一般
	设备水平	高损耗配电变压器	紧迫
		老旧配电变压器	非常紧迫
	供电能力	配电变压器重负荷	紧迫
		配电变压器过负荷	非常紧迫
	利用效率	配电变压器轻负荷	一般
	供电质量	存在低电压用户	非常紧迫
		三相电压不平衡	紧迫

采用"红橙黄绿"四级状态预警机制，对设备进行分级管理。其中：存在非常紧迫问题的设备状态为红色；不存在非常紧迫问题但存在紧迫问题的设备状态为橙色；只存在一般问题的设备状态为黄色；不存在问题的设备状态为绿色。

第三节 乡村配电网网格划分方法

一、划分层级

城市配电网网格化规划方法将规划层级划分为"功能区-供电网格-供电单元"等三个层级。根据各层级的划分目的和作用，逐层分析其在乡村地区的适用性如下：

（1）城市功能分区的划分有利于开展功能区饱和负荷总量预测，一般用于高压配电网布点规划和网架规划。鉴于乡村地区负荷总量不高、负荷比较分散，其统筹高压电网规划可从县域层面开展，且乡镇合并划分功能分区很难寻找到规模合理、高压配电网相对独立的边界。所以，乡村地区不建议划分功能分区。

（2）城市供电网格是制定目标网架规划、明确变电站 10kV 出线联络关系、统筹廊道资源及变电站出线间隔的管理单元。为便于描述远景及规划期目标网架，构建结构清晰、关系简洁的 10kV 远景目标网架，乡村地区划分供电网格的必要性充足。

（3）城市供电单元是网架分析、规划项目方案编制、用户接入管理、廊道管理的基本单元。随着乡村地区的城镇化建设,部分区域线路密度越来越大,土地廊道资源趋于紧张,为进一步细化规划颗粒度,乡村地区应划分供电单元。鉴于乡村地区往往没有控规、详划,其划分宜主要参考电网设备分布因素。

综上,乡村网格化规划建议划分"供电网格—供电单元"两层。城市配电网与乡村配电网网格划分对比如图4-2所示。

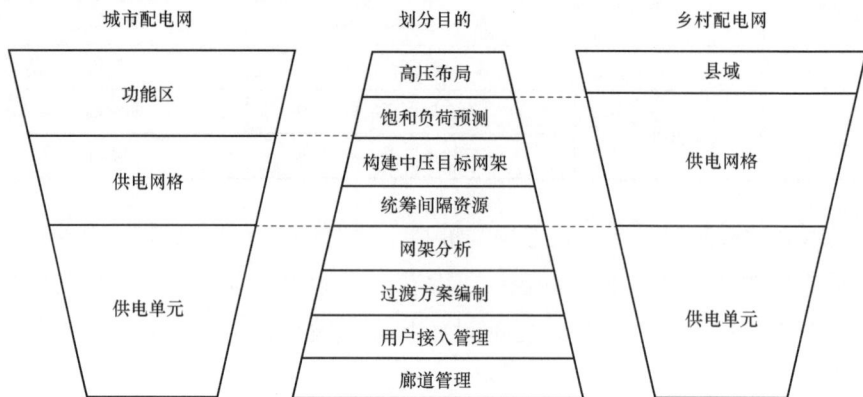

图4-2 城市配电网与乡村配电网网格划分对比

二、供电网格划分原则

1. 天然屏障约束,发展特性相近

供电网格划分应相对稳定,应结合城乡总体规划,参考道路、河流、山丘等明显的地理屏障,参考乡镇产业特点,遵循区域发展特性相同或者相近的原则,不应跨越县域边界,乡镇网格之间应不重不漏。

2. 相对独立、资源协同

供电网格划分应遵循供电范围相对独立的原则,以10kV目标网架清晰独立为目标,变电站出线规划明确,电源点之间有较强联络关系,兼顾配电网规划建设的平滑过渡。

原则上,不提倡跨网格供电或跨网格组网构建联络关系。当用户有供电可靠性需求且本网格无法满足时,或者网格内电网存在七级及以上停电风险时,可适当建立供电网格间的联络关系,同时被联络供电网格需预留相应的供电容量。

3. 规模适中

供电网格应遵循规模适中原则,远期一般应包含2~4座具有较强10kV联络关系的上级公用变电站，受地理环境限制站间无法联络的可包含 1 座公用上级变电站，供电网格饱和负荷不宜小于 50MW，且至少包含一个供电单元。

4. 管理协同

供电网格划分应与供电所管辖范围相衔接，便于配电网规划、建设、运行、营销全过程精细管理，无明显地理屏障的情况下不宜拆分供电所管辖范围。

5. 过渡平滑

为确保供电可靠性及网架完整性，在过渡年供电网格划分可根据上级电源布局情况，将现状电网联系比较紧密的两个及以上供电网格进行合并规划，随负荷发展和布点再拆分。

三、供电网格与乡镇边界的关系

供电网格与乡镇边界存在独立、合并、拆分等三种关系。

1. 独立网格

划分条件一般为乡镇经济发展相对独立、饱和年具备 2 个以上电源点、现状中压网架相对独立。独立网络划分模型如图 4-3 所示。

图 4-3 独立网格划分模型

2. 合并网格

划分条件一般为乡镇经济发展相对较慢、饱和年至少存在 1 个镇单一电源、现状相邻镇中压网架有较强联络。合并网格划分模型如图 4-4 所示。

图 4-4 合并网格划分模型

3. 拆分网格

划分条件一般为乡镇经济发展良好、产业布局清晰、饱和年具备 4 个及以上电源点、存在明显地理屏障或管理界限。拆分网格划分模型如图 4-5 所示。

图 4-5 拆分网格划分模型

四、供电单元划分原则

1. 需求相近、规模适中

供电单元一般由若干个相邻的、供电可靠性要求相近、线路廊道相邻、结构基本一致的 1~4 组 10kV 接线组构成。供电单元内线路应具备异母线联络条件，根据变电站布点情况远期宜具备 2 个及以上电源供电。

2. 兼顾空间拓扑结构、资源协同

供电单元的划分应贯彻不交叉、不重叠的原则，宜结合变电站出线方向，同时考虑饱和年变电站的布点位置、容量大小、通道规划、路径归并等影响。供电单元可区分为站内联络单元和站间联络单元，以便于分析网架可靠性。

3. 过渡平滑

供电单元划分应结合经济性和供电可靠性要求，兼顾配电网规划建设的平滑过渡，在过渡年可合并 2 个及以上供电单元统筹规划建设方案。

五、乡村负荷组

1. 乡村负荷组提出的目的

（1）为解决乡村地区负荷分布难以把握问题，提高负荷分布预测的精细度。以村庄为最小单位表征负荷分布准确度不高，存在农业负荷等零散负荷丢失的情况；以供电单元为最小单位表征负荷分布精细度不够，难以精确落实乡村地区负荷分布。

（2）为提高中压网架规划及廊道选择的合理性，提高开关配置的精准性。城市地区可根据地块负荷的分布情况，合理确定线路接带容量，合理控制线路开关配置，合理选择靠近负荷中心的线路廊道；乡村地区负荷密度和路网密度较低，无法直接利用地块的负荷分布指导网架规划。

（3）为分析乡村地区负荷集合的供电可靠性。将点负荷与中压线路分段或支线建立隶属关系，明确线路停电范围，更加精确地分析负荷供电可靠性。

2. 乡村负荷组定义

乡村负荷组指在供电单元划分基础上，结合负荷分布及负荷性质，将若干相邻的村庄或零散用户组成的负荷集合。

一般用于表征负荷分布情况、规划线路廊道、规划配置开关设备、明确线路停电范围及转供方案。

一般由 10kV 线路的同一个分段或同一条支线供电且隶属唯一供电单元，在规划过渡期可合并。组成乡村负荷组的负荷，自然分布就近，特性相似或相近，规模不大于 2MW。

第四节　基于乡村负荷组的负荷预测方法

一、负荷预测思路

应用传统方法开展乡村地区负荷预测的困难主要在于乡村地区往往无控制性详细规划（简称控规）指导，发展随意性大，负荷分布零散但局部集中，且存在大量农业用地，传统负荷密度法无法直接使用；乡村地区整体负荷密度较低且受政策等不可控因素影响较大，具有一定的发展不确定性。

乡村地区负荷预测应遵循宏观与微观相结合的原则，采用"两上两下"的预测方法，通过引入负荷组概念并进一步提出基于乡村负荷组的乡村负荷分布预测方法，提高乡村地区负荷预测的准确性。主要开展思路为"由上而下做总量、由下而上做分布，两上两下做校核"。负荷预测思路流程如图 4-6 所示。

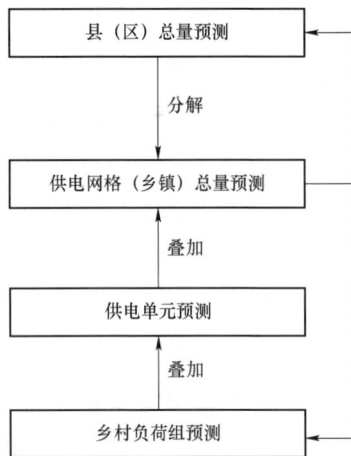

图 4-6　负荷预测思路流程图

二、基于乡村负荷组的乡村饱和负荷分布预测

基于乡村负荷组的乡村饱和负荷分布预测流程为：① 根据收资数据和调研结果，结合市政发展规划开展县域饱和负荷预测并逐层分解至各网格；② 根据城乡国土空间规划成果确定土地利用性质；③ 经负荷调研确定各用地性质的负

75

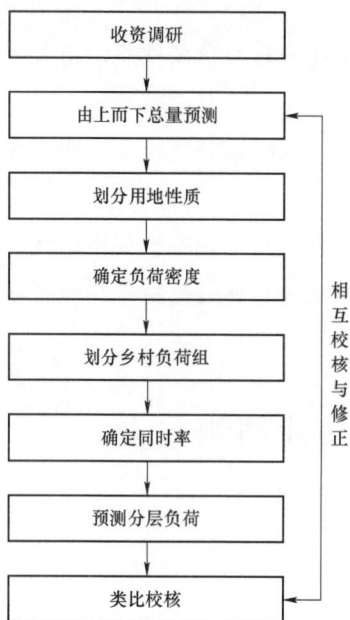

图4-7 基于乡村负荷组的乡村
饱和负荷分布预测流程图

荷密度;④ 结合现状负荷分布划分乡村负荷组,并确定同时率;⑤ 利用负荷密度法基本原理计算各层级饱和负荷分布预测结果;⑥ 选取国内同类发达地区负荷指标做结果校核,由上而下及由下而上的总量预测互相校核与修正。基于乡村负荷组的乡村饱和负荷分布预测流程如图4-7所示。

1. 收资调研

收集县域及各乡镇经济社会发展、地区规划及电力相关资料和历史数据;选取典型配电变压器、线路、变电站研究地区电网负荷特性;采用负荷曲线叠加法计算配电变压器～线路、线路～变电站之间的同时率,供后续步骤参考使用。

2. 由上而下总量预测

分析乡镇及其所在县域经济社会发展趋势,开展县域总量用电需求预测,逐层向下分解,得到乡镇或供电网格负荷。负荷分解应参考乡镇的现状负荷规模、地形地貌、人口流动、交通条件、功能定位、产业类型、发展规模等因素对各乡镇发展潜力及负荷需求水平给出宏观判断,然后按照"总量控制、横向类比"的原则进行预测。

3. 划分用地性质

乡村有控规地区的土地分类按控规规划结果划分。

针对无控规地区参考《中华人民共和国土地管理法》和《土地利用现状分类》(GB/T 21010—2017)中土地分类情况,结合配电网规划实际需求,本着简化分类数量、方便统计的原则,对乡村无控规地区的土地划分为居住用地、农业用地、其他建设用地、无电用地等4大类、13个小类。乡村无控规地区土地性质划分见表4-3。

表4-3 乡村无控规地区土地性质划分表

土地分类	序号	小类
居住用地	1	村落
	2	社区

土地分类	序号	小类
农业用地	3	耕地
	4	温室大棚
	5	水产养殖
	6	畜牧养殖
其他建设用地	7	工业
	8	商业
	9	行政办公
	10	教育科研
	11	旅游
	12	物流交通
无电用地	13	无电用地

4. 确定负荷密度

负荷密度指标应通过调研同类发达地区乡村的负荷密度指标，以及本地典型用户负荷密度指标，结合地区经济社会发展情况合理取值。

一般情况下，乡镇有控规地区的土地负荷密度指标比城市水平低，负荷密度指标可参考《城市电力规划规范》（GB/T 50293—2014）中的低水平值。

经调研并参考《城市电力规划规范》（GB/T 50293—2014）以及其他乡村地区负荷指标研究成果，给出乡村饱和负荷密度指标建议值。乡村地区饱和负荷密度指标建议值见表4-4。

表4-4　　　　　　　　乡村地区饱和负荷密度指标建议值

土地分类	序号	小类	负荷密度指标（MW/km²）
居住用地	1	村落	1～5
	2	社区	3～15
农业用地	3	耕地	0.01～0.2
	4	温室大棚	0.1～1.5
	5	水产养殖	0.5～1.5
	6	畜牧养殖	0.5～1
其他建设用地	7	工业	5～40
	8	商业	5～20
	9	行政办公	3～10
	10	教育科研	3～10
	11	旅游	0.2～5
	12	物流交通	0.5～10

无法确定用途的其他建设用地饱和负荷密度指标可结合周边已建成土地的性质和位置条件，按周边已建成用地的负荷密度选取。

5. 划分乡村负荷组

结合现状配电变压器负荷规模、负荷性质，土地规划等因素，在供电单元下划分乡村负荷组，并明确乡村负荷组所含土地性质及现状配电变压器的容量、最大负荷、负荷性质等信息。乡村负荷组划分信息表示例见表 4-5。

表 4-5   乡村负荷组划分信息表示例

供电单元	乡村负荷组	土地性质	土地面积（km²）
供电单元 1	乡村负荷组 1	农业用地	
		居住用地	
		其他建设用地	
	乡村负荷组 2	…	
	…		
…			

6. 确定同时率

根据负荷调研及乡村负荷组的负荷构成比例，采用曲线叠加法确定各乡村负荷组内的同时率。一般来说，负荷的性质越接近，同时率越高，若是负荷性质差异比较大，则同时率就越小。一般来说，各乡村负荷组到供电单元之间的同时率在 0.6~0.9 之间，各供电单元到供电网格之间的同时率在 0.7~0.85 之间。

7. 预测分层负荷

（1）乡村负荷组负荷预测 P_1。采用负荷密度法，基于占地面积负荷密度指标的计算公式为

$$P_1 = \sum_{i=1}^{m} (S_i \times V_i) \times k_1 \qquad (4-4)$$

式中：m 为地块个数；S_i 为第 i 个地块的面积，km²；V_i 为第 i 个地块的负荷密度，MW/km²；k_1 为地块之间的同时率系数。

（2）供电单元负荷预测 P_2。供电单元负荷预测为乡村负荷组负荷预测考虑同时率的累加，计算公式为

$$P_2 = \sum_{i=1}^{m} P_{1i} \times k_2 \qquad (4-5)$$

式中：m 为乡村负荷组的个数；P_{1i} 为第 i 个乡村负荷组的负荷预测值，MW；k_2 为乡村负荷组间同时率系数。

（3）供电网格负荷预测 P_3。供电网格负荷预测为供电单元负荷预测考虑同时率的累加，计算公式为

$$P_3 = \sum_{i=1}^{m} P_{2i} \times k_3 \qquad (4-6)$$

式中：m 为供电单元的个数；P_{2i} 为第 i 个供电单元的负荷预测值，MW；k_3 为供电单元间同时率系数。

8. 类比校核

采用人均用电量法校核供电网格负荷预测结果，计算公式为

$$W = E \times L \qquad (4-7)$$

式中：W 为饱和年用电量，kWh；E 为人均电量指标，kWh/人；L 为饱和年用电人口，一般指常住人口。

人均用电量指标可选用人均综合用电量或人均生活用电量两个指标，指标可参考《城市电力规划规范》（GB/T 50293—2014）的规定或者参考与本区域负荷特性及远期经济发展水平相似的发达地区乡镇指标情况。规划人均用电指标见表 4-6。

表 4-6　　　　　　　　　　　规 划 人 均 用 电 指 标

城市用电水平分类	人均综合用电量 [kWh/（人·a）]		人均居民生活用电量 [kWh/（人·a）]	
	现状	规划	现状	规划
用电水平较高城市	4501～6000	8000～10 000	1501～2500	2000～3000
用电水平中上城市	3001～4500	5000～8000	801～1500	1000～2000
用电水平中等城市	1501～3000	3000～5000	401～800	600～1000
用电水平较低城市	701～1500	1500～3000	201～400	400～800

注　选自《城市电力规划规范》（GB/T 50293—2014）。

9. "两上两下" 互相校核与修正

将"由上而下"及"由下而上"的预测结果进行校核与修正后再次反馈，反馈结果进一步校核论证后，形成确定方案。

三、基于乡村负荷组的乡村近中期负荷分布预测

依据乡村饱和负荷预测结论，采用自然增长加大用户法与 Logistic 法相结合的方法计算乡村近中期负荷，基于乡村负荷组的乡村近中期负荷分布预测流程如图 4-8 所示。

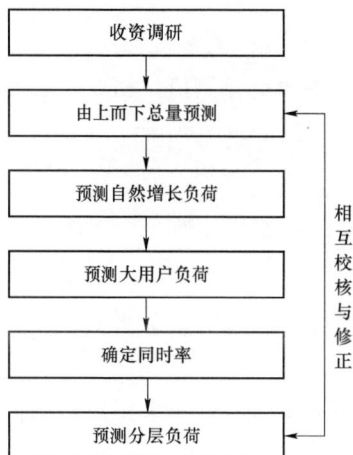

图 4-8　基于乡村负荷组的乡村近中期负荷分布预测流程图

1. 收资调研

收集地区历史电量、负荷数据（变电站、线路、配电变压器）；收集近期用户新报装数据；调研近中期重点发展方向及政策；调研村庄拆迁、道路建设等。

2. 由上而下总量预测

根据乡镇及其所在县域历史负荷增长情况和经济社会发展情况，开展县域总量用电需求预测，逐层向下分解，得到乡镇或供电网格负荷。负荷分解应参考乡镇历史负荷增长率、近期用户报装规模、经济社会环境变化情况等合理拆分。

3. 预测自然增长负荷

根据收资数据，首先把乡村负荷组内现状配电变压器（或专线、专站）按照农业负荷、居民生活负荷、工业及其他负荷等进行分类统计；然后分析是否存在负荷增长干扰因素，如工厂停产、村庄拆迁、煤改电等。针对不存在突发的负荷增长干扰因素的乡村负荷组，根据配电变压器历史年份负荷增长率，采用趋势外推法分别预测三类负荷的近中期负荷规模。针对存在负荷增长干扰因素的乡村负荷组，需根据实际情况选择合理预测方法。乡村负荷组内自然增长负荷计算公式为

$$P_z = (k_n \sum P_n + k_j \sum P_j + k_g \sum P_g) \times k_z \qquad (4-8)$$

式中：P_n、k_n 为乡村负荷组内农业负荷及同时率；P_j、k_j 为乡村负荷组内居民生活负荷及同时率；P_g、k_g 为乡村负荷组内工业及其他负荷和同时率；k_z 为乡村负荷组内各类负荷之间的同时率系数。

4. 预测大用户负荷

新报装用户的近中期负荷应结合饱和负荷预测结果，根据 Logistic 负荷生

长曲线预测，第 t 年的负荷预测值计算公式为

$$y_t = \frac{y_{bh}}{1 + A \times e^{(1-t)}} \tag{4-9}$$

式中：y_{bh} 为用户饱和负荷值；A 为 "S" 形曲线增长系数；t 为距离现状年的年数。

乡村负荷组内新报装用户（大用户）负荷预测计算公式为

$$P_b = \sum_{i=1}^{m} P_{bi} \tag{4-10}$$

式中：m 为报装用户（大用户）的个数；P_{bi} 为第 i 个报装用户（大用户）的负荷预测值。

5. 确定同时率

根据负荷调研及乡村负荷组的负荷构成比例，采用曲线叠加法确定各乡村负荷组内的同时率。一般来说，各乡村负荷组到供电单元之间的同时率在 0.6～0.9 之间，各供电单元到供电网格之间的同时率在 0.7～0.85 之间。

6. 预测分层负荷

（1）乡村负荷组负荷预测 P_1。

基于自然增长加大用户法，预测各乡村负荷组的近中期负荷，计算公式为

$$P_1 = (P_z + P_b) \times k_1 \tag{4-11}$$

式中：P_1 为乡村负荷组负荷；P_z 为乡村负荷组内自然增长部分负荷；P_b 为乡村负荷组内新报装用户（大用户）负荷；k_1 为两部分负荷之间的同时率系数。

（2）供电单元负荷预测 P_2。

供电单元负荷预测为乡村负荷组负荷预测考虑同时率的累加，计算公式为

$$P_2 = \sum_{i=1}^{m} P_{1i} \times k_2 \tag{4-12}$$

式中：m 为乡村负荷组的个数；P_{1i} 为第 i 个乡村负荷组的负荷预测值；k_2 为乡村负荷组间同时率系数。

（3）供电网格负荷预测 P_3。

供电网格负荷预测为供电单元负荷预测考虑同时率的累加，计算公式为

$$P_3 = \sum_{i=1}^{m} P_{2i} \times k_3 \tag{4-13}$$

式中：m 为供电单元的个数；P_{2i} 为第 i 个供电单元的负荷预测值；k_3 为供电单元间同时率系数。

7. "两上两下"互相校核与修正

将"由上而下"及"由下而上"的预测结果进行校核与修正后再次反馈，反馈结果进一步校核论证后，形成确定方案。

第五节 乡村中压网架规划方法

依托乡村供电网格划分结果，从供电结构、供电模型、接线模式三个维度研究中压目标网架结构。

供电结构用于表达上级电源点间的配合关系，决定了区域内负荷转供的方向机组网拓扑雏形；接线模式体现本级线路之间的联络关系，是构建负荷转供通道的物理基础，供电结构与接线模式相结合，组成供电模式，用以系统地体现区域内中压线路组网架构及负荷转供通道。采用供电模型构建中压网架，能够使网架结构简单、清晰，使操作更加简捷。为某一供电网格进行供电模型选择时，应首先选择合适的供电结构，再根据该供电结构下的供电模型进行选择，供电结构、供电模型与接线模式的关系如图 4-9 所示。

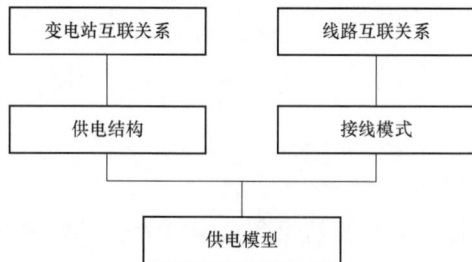

图 4-9 供电结构、供电模型与接线模式的关系

一、乡村配电网供电结构

供电结构是指针对某一供电网格，一座或多座变电站通过互联所形成的能够反映供电区域内地形特点、负荷密度的供电网架的基本结构，体现的是变电站之间的互联关系。

根据图论，变电站和线路组成的平面图形有点、线、面三类，因此供电结构可分为点状、带状、块状供电结构。典型供电结构分类及适用范围见表 4-7。

表 4-7 典型供电结构分类及适用范围

结构名称	图示	适用范围
点状供电结构		适用于受山地、湖泊、河流等阻隔,单座变电站即可满足远景供电需求的供电网格;或者变电站布点较少的供电网格发展初期
带状供电结构	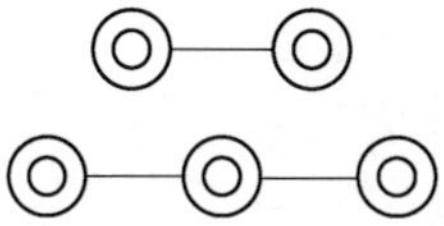	适用于受山地、湖泊、河流、海岸线等地形因素影响,负荷呈细长分布的供电网格
块状供电结构	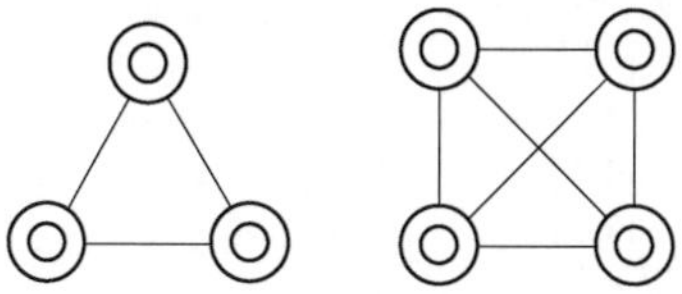	适用于远景供电需求条件下,变电站较为密集且均匀分布的供电网格,如地势平坦、负荷分布相对均衡的平原地区

二、乡村配电网供电模型

供电模型由供电结构和接线模式共同组成,对供电模型的选择即对供电结构和接线模式的选择。影响供电结构选择的因素是地形特点及饱和负荷需求下变电站分布情况。影响接线模式选择的因素是负荷密度、可靠性需求、通道走廊等因素。经过对供电结构和接线模式的分析组合,乡村地区配电网供电模式有 15 个类型。点状、带状、三角形和矩形结构供电模型分别见表 4-8~表 4-11,其中供电模型中架空单联络可由电缆单环网替代。

表 4-8 点 状 结 构 供 电 模 型

名称	图示	线路利用率
点状站内单联络供电模型(口字型)	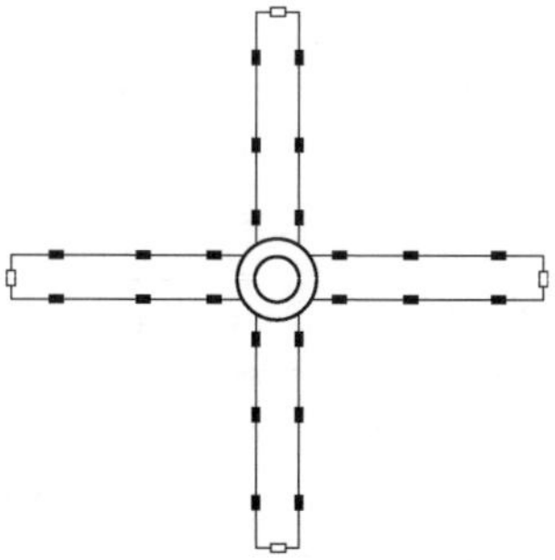	50%

名称	图示	线路利用率
点状站内单联络供电模型 （回字型）	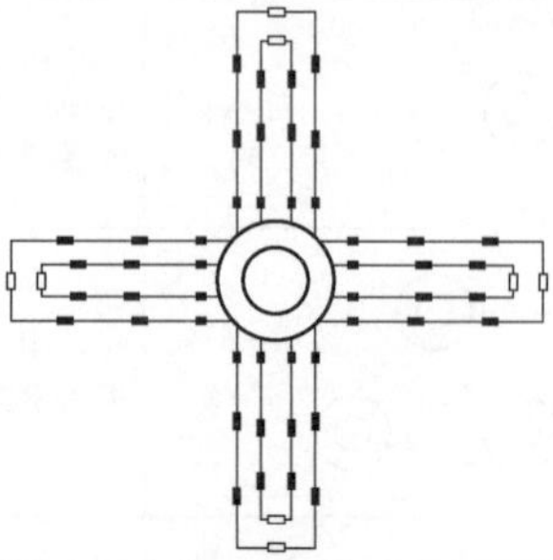	50%
点状站内两联络供电模型	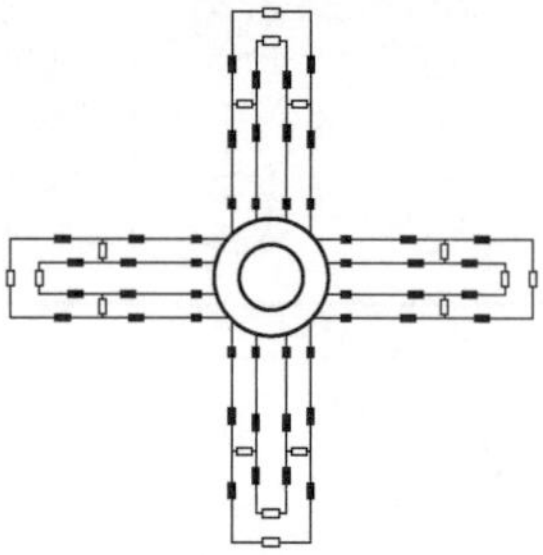	66.7%

表4-9 带 状 结 构 供 电 模 型

名称	图示	线路利用率
带状站间单联络供电模型	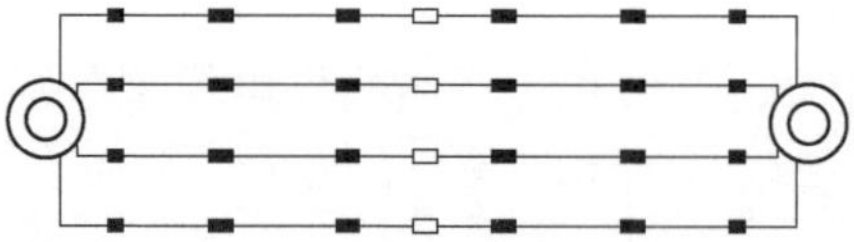	50%
带状站间两联络供电模型 （井字型）	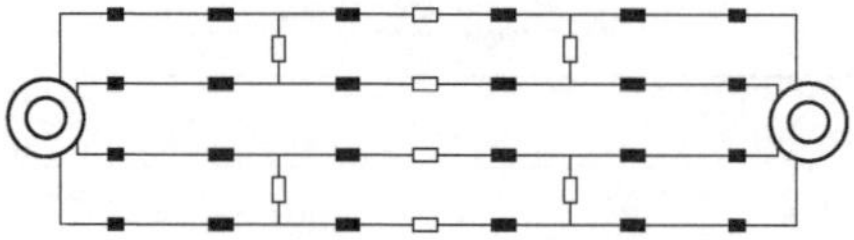	66.7%
带状站间两联络供电模型 （Ⅱ字型）	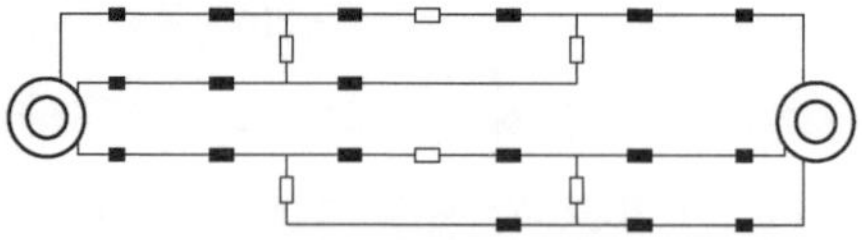	66.7%
带状站间三联络供电模型	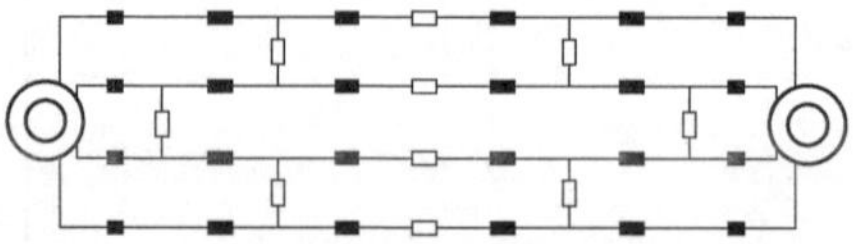	三联络75%，两联络62.5%

表 4-10   三角形结构供电模型

名称	图示	线路利用率
三角形站间单联络 供电模型	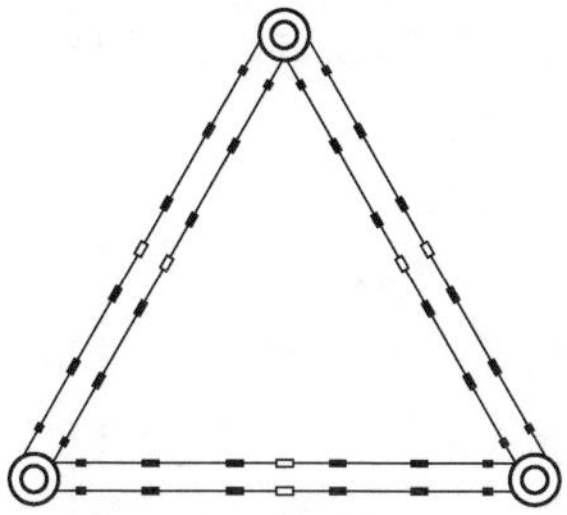	50%
三角形站间单联络供电 模型（丁字型）	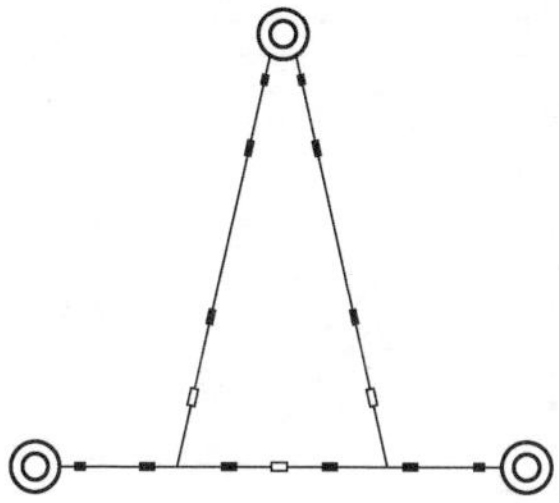	66.7%
三角形站间单联络供电 模型 （人字型，适用于农网大 支线联络）	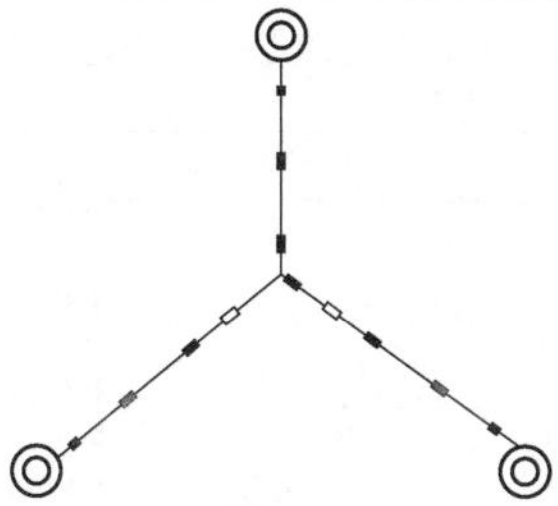	66.7%
三角形站间两联络 供电模型	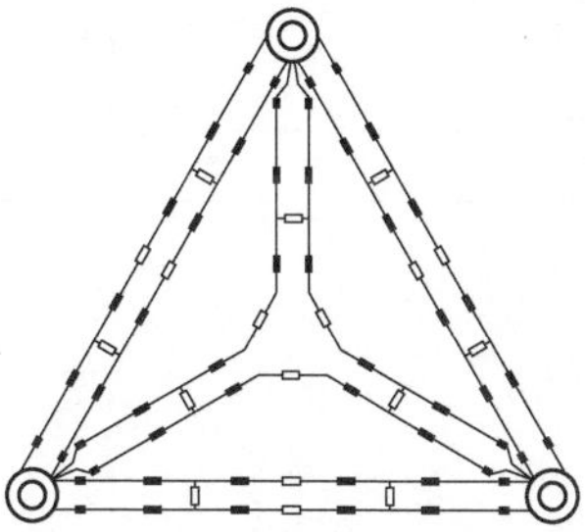	66.7%
三角形站间三联络 供电模型	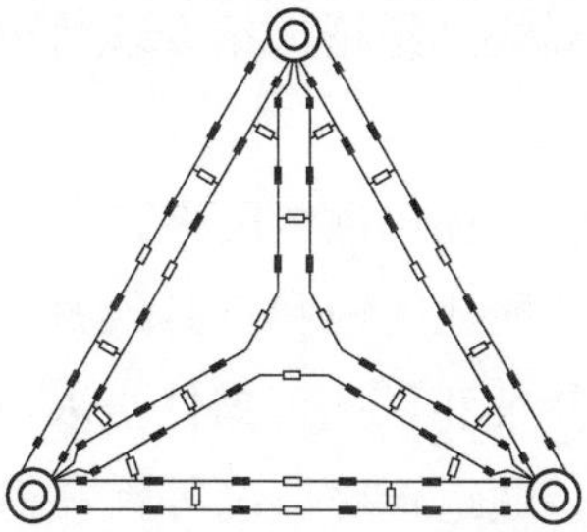	三联络 75%，两联络 62.5%

表 4-11　　　　　　　　　　　矩 形 结 构 供 电 模 型

名称	图示	线路利用率
矩形站间单联络供电模型	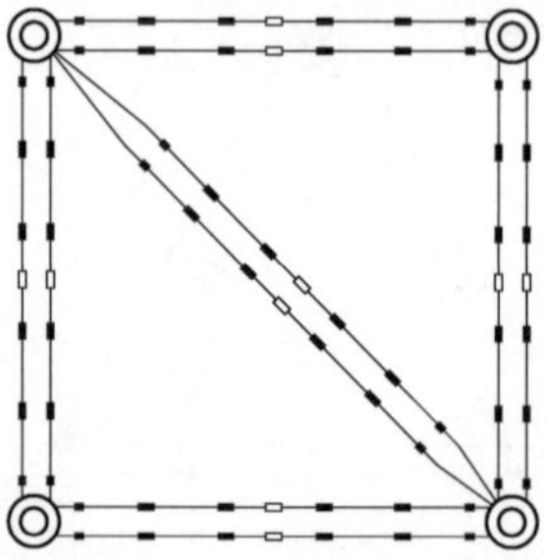	50%
矩形站间两联络供电模型	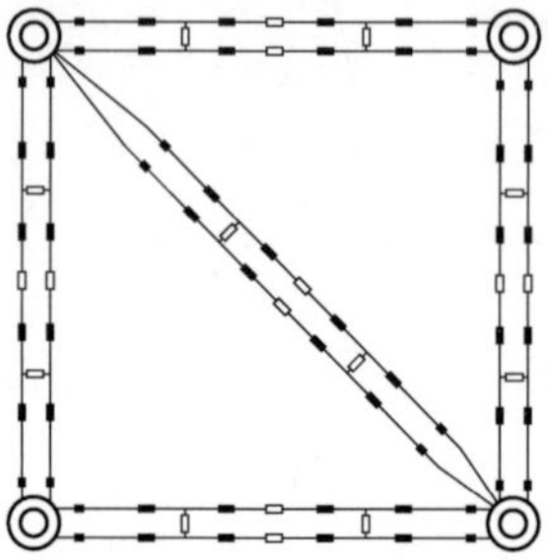	66.7%
矩形站间三联络供电模型	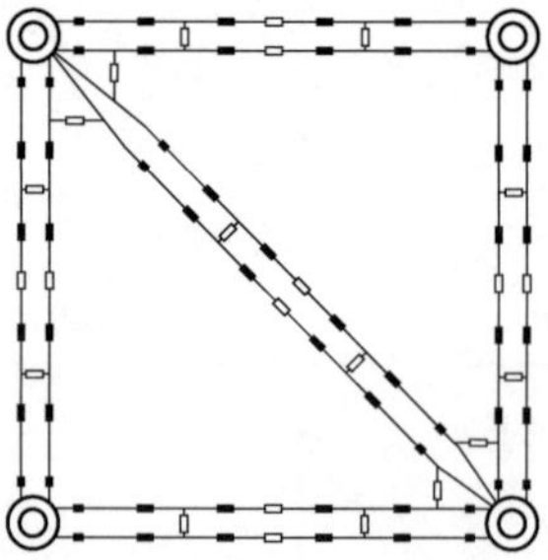	三联络 75%，两联络 62.5%

三、中压网架规划方法

1. 目标网架规划流程

（1）根据上级变电站布局规划结论，结合现状电网走向和天然屏障因素，初步搭建乡村地区供电结构。

（2）划分供电网格，进一步优化供电结构。

（3）划分乡村负荷组，开展地区饱和负荷预测。

（4）根据供电网格负荷特征和供电可靠性需求，选择供电模型并结合现状线路、乡村负荷组负荷分布、通道走廊情况等因素初步构建目标网架。

（5）划分供电单元；根据乡村负荷组负荷分布优化线路联络开关、分段开关配置。供电网格目标网架构建流程如图 4-10 所示。

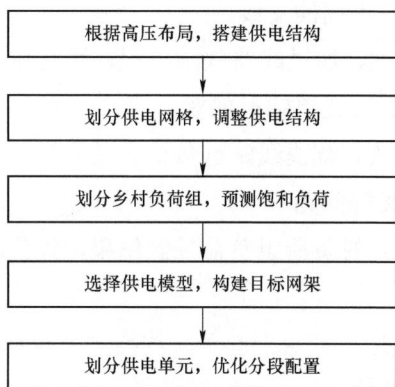

图 4-10　供电网格目标网架构建流程图

2. 网架过渡方案规划方法

（1）网架过渡方案的建设原则。近期建设方案应紧盯现状电网薄弱环节，满足负荷供电需求，合理安排项目建设时序；中期建设方案在提高供电能力的前提下，应兼顾网架过渡平滑，起到承上启下的作用，并着重打造标准网架结构。

（2）乡村配电网近期发展策略。应在现状诊断分析结论的指导下，还应结合"配电网发展裕度"及"配电网发展适应性"两个指标的评价结果。中压配电网近期发展策略如图 4-11 所示。

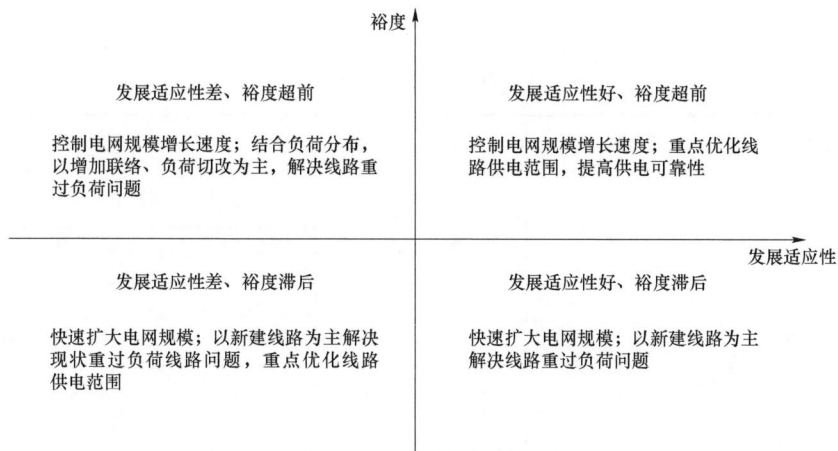

图 4-11　中压配电网近期发展策略

（3）提出"分、串、切、配、改、校"六步作业法。

1）分。划分近期乡村负荷组，进一步明确现状负荷分布情况，分析是否存在接带用户过多、可靠性不高的支线。

2）串。根据目标网架，通过线路联络工程、线路新建工程等串接乡村负荷组，解决线路单辐射、大支线单辐射问题。

3）切。通过负荷切改，解决线路过负荷、大支线接带用户较多、线路供电半径过长、供电范围交叉等问题。

4）配。根据近中期乡村负荷组负荷预测结果，优化配置分段开关，适度增加联络开关。

5）改。通过线路改造，解决卡脖子、线路老旧等问题。

6）校。线路 $N-1$ 校核。

四、项目优化排序

1. 项目优化排序指标体系

以"保政策、保安全、保市场"为项目分类原则，统筹问题解决情况、经济效益、社会效益，构建项目优化排序方法。首先根据项目工程类别把项目划分为政策主导型、安全主导型、市场主导型等三类，然后分别构建指标体系。一级指标选择问题解决情况、经济效益、社会效益等 3 个指标；二级指标选择解决非常紧迫问题个数、解决紧迫问题个数、解决一般问题个数、单位投资增供负荷、单位投资增供电量、满足社会责任等 6 个指标。项目优化排序指标体系见表 4-12。

表 4-12　　　　　　　　　项目优化排序指标体系

项目属性	工程类别	一级指标	权重	二级指标	权重
政策主导型	分布电源接入，电动汽车充换电设施接入，边防部队供电保障，煤改电配套电网	问题解决情况	0.2	解决非常紧迫问题个数	0.5
				解决紧迫问题个数	0.3
				解决一般问题个数	0.2
		经济效益	0.3	单位投资增供负荷	0.5
				单位投资增供电量	0.5
		社会效益	0.5	满足社会责任	1

续表

项目属性	工程类别	一级指标	权重	二级指标	权重
安全主导型	解决"低电压"台区，解决卡脖子，解决设备重负荷、过负荷，消除设备安全隐患，加强网架结构	问题解决情况	0.5	解决非常紧迫问题个数	0.5
				解决紧迫问题个数	0.3
				解决一般问题个数	0.2
		经济效益	0.3	单位投资增供负荷	0.5
				单位投资增供电量	0.5
		社会效益	0.2	满足社会责任	1
市场主导型	满足新增负荷供电要求，变电站配套送出，改造高损配电变压器，其他	问题解决情况	0.3	解决非常紧迫问题个数	0.5
				解决紧迫问题个数	0.3
				解决一般问题个数	0.2
		经济效益	0.5	单位投资增供负荷	0.5
				单位投资增供电量	0.5
		社会效益	0.2	满足社会责任	1

2. 项目时间先后顺序和资源限制约束

基于项目时间先后顺序和项目实施资源限制约束进行二次排序，得到最终排序结果。项目时间先后顺序约束涉及网架结构依赖关系、前期准备工作时间顺序、市政规划影响和人为或自然因素影响。

思考题

1. 阐述城市电网网格化规划与乡村电网网格化规划差异。

2. 分析乡村配电网供电模型之间的差异及其适用场景。

3. 乡村电网网格化规划方法与常规规划方法相比优势体现在哪里？

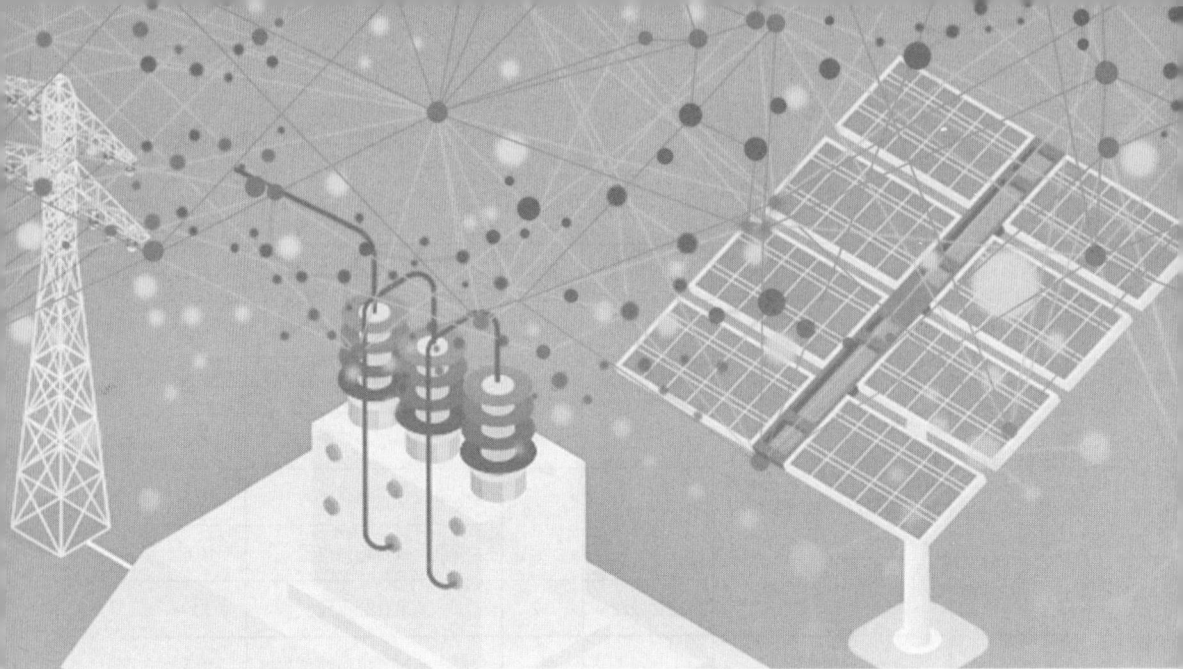

第三篇
配电网规划策略

第五章　高压配电网设备利用效率提升策略

【本章重点】随着山东电网资产规模的不断扩大，局部高压配电网设备供电能力受限和资产利用效率不高的现象并存，对精益规划提出了更高要求。研究分析如何提升高压配电网设备利用效率，将对配电网规划管理具有重要指导意义。本章详细梳理分析影响高压配电网设备利用效率的因素，建立基于不同约束条件下的高压设备最大负载能力计算模型，得到在不同约束条件下的高压设备最佳负载能力指标。根据高压设备最佳负载能力指标，结合影响地区电网设备利用效率评估的相关因素，建立高压配电网设备利用效率指标评价体系；并结合不同的应用场景，为相关从业人员提供高压配电网设备利用效率提升措施及相应电网规划技术原则建议。

第一节　设备利用效率影响因素分析

从"$N-X$"准则、网络结构、设备配置、功率因素、负荷特性、负荷发展阶段、分布式电源、宏观政策和管理水平等 9 个方面对影响高压配电网设备利用效率的相关因素进行分析。

1."$N-X$"准则

安全可靠供电是电网最基本的运行要求，配电网通常需要满足"$N-X$"安全准则，当前最常用的是"$N-1$"安全准则。根据"$N-X$"安全准则，为满足电网的安全可靠供电，需保留必要的备用容量，设备利用效率也将受到相应的制约。

2. 网络结构

配电网网络结构主要包括主变压器台数、主接线形式和网架结构，一般情况下变电站主变压器台数越多，站线比越高，设备利用率越高。电网结构的强弱很大程度上决定了输变电设备容量的发挥，即影响高压配电网设备的最大负载能力，从而影响设备利用效率。

3. 设备配置

设备配置对设备利用效率的影响主要体现在不同设备选型之间的配合上，高压网络中主变压器容量、主变压器台数、主接线形式、网架结构、线路型号等之间的协同配合度越好，设备利用效率越高。

4. 功率因素

功率因数是指电网中设备的有功功率与视在功率的比值，功率因数的高低，对于电力系统发、供、用电设备的充分利用有着显著的影响。在电网运行中，功率因数越高效益越好，设备越能充分利用。

5. 负荷特性

由于负荷具有波动性，负荷特性的存在说明实际电网不可能一直运行在满载状态。负荷特性对设备利用效率的影响主要体现在峰谷差和负荷率上，峰谷差越高，设备利用效率越低；负荷率越高，设备利用效率越高。影响负荷特性的因素较多，因此负荷特性的可控性较差。

6. 负荷发展阶段

负荷成长特性与负荷发展阶段密切相关，一般可分为慢速增长期、快速增长期和缓慢增长饱和期三个阶段。负荷发展阶段对设备利用效率的影响主要体现在对电网建设裕度的把握上，裕度偏大会导致设备利用效率偏低，裕度偏小会影响电网安全可靠供电。

7. 分布式电源

分布式电源对设备利用效率产生影响主要体现在其是否可控和渗透率指标上。非间歇性分布式电源有利于从最大负荷时刻与平均利用水平两个方面综合提高配电网设备的利用率；间歇性分布式电源需要配电网为其承担备用容量，一定时间内使得设备闲置。

8. 宏观政策

为满足重要用户高可靠性供电、偏远地区用电、改善落后地区生产生活条件、统一提高户均配电变压器容量、扶贫政策等宏观政策的实施而配置的设备容量可能无法被充分利用，从而降低设备利用效率。产业结构调整带来的负荷迁出也将影响设备利用效率。

9. 管理水平

日常管理中，报装容量与实际负载情况出现差异、用户"报大用小"、报装容量阶段性投产、原负荷已迁出的专线间隔仍被占用、负荷预测不准确等带来的电网建设过度超前、设备空载等管理问题均会造成设备资源的浪费，从而影响设备利用效率。

第二节　设备最佳负载能力计算模型

为了衡量设备利用效率与设备负载率之间关系、表述站间负荷转移能力与最佳负载能力的关系，本部分引入设备最佳负载能力和站间负荷转移系数的定义如下，以明确在各类约束条件下设备利用率的合理值：

（1）设备最佳负载能力——主要指考虑一定的安全可靠原则、网络结构、负荷特性及其发展阶段等约束条件下的设备最佳负载率。

（2）站间负荷转移系数——通过相联络变电站可转移的负荷占该变电站负荷的比例，通常用来衡量通过中压配电网将本站负荷转移至相联变电站的能力。

设备利用效率评价准则应为：

（1）设备利用效率越接近最佳负载能力，设备利用就越高效，否则设备未被充分利用。

（2）设备利用效率小于设备最佳负载能力。若此条件不被满足，则无法保障网络的安全可靠供电。

（3）不同约束条件下，设备最佳负载能力值不同。

一、计算条件分析

1. 计算条件的界定

满足"$N-1$"安全准则，单台主变压器均选择相同容量，变压器过负荷系数取 1，110kV 线路导线选择相同型号（由于 35kV 与 110kV 在计算方法上高度一致，同时 35kV 为未来"控增量"的电压等级，因此本次计算以 110kV 为例）。

2. 负荷转移方式的界定

对"$N-1$"状态下的负荷转移方式主要考虑四种转移方式，即站内转供、一次转供、二次转供和多次转供。

站内转供：对某台主变压器作"N-1"校验时，该主变压器所带负荷只考虑通过站内母联开关动作转移至站内其他主变压器。

一次转供：对某台主变压器作"N-1"校验时，该主变压器所带负荷只考虑通过一次开关动作转移至与该主变压器直接有联络的各台主变压器上。

二次转供：对某台主变压器作"N-1"校验时，该主变压器先进行一次转供，将所带负荷转移至站内和站间与之直接联络的主变压器；站内主变压器如果过负荷，则需将过负荷的部分负荷转移至站间与之有联络的其他主变压器上。

多次转供：对某台主变压器作"N-1"校验时，通过开关动作，经过足够长的时间，使该主变压器所带负荷转移至所有具有联络关系的主变压器上。在这种方式下，不考虑开关动作次数限制和负荷转移时间限制。

二、设备最佳负载率计算

（一）主变压器最佳负载率计算

1. 计及站间负荷转移系数的主变压器最佳负载率

假定配电系统中各座变电站站内主变压器并列运行，各座变电站之间都互相联络，且联络线路极限传输容量足够大，即整个配电系统站间负荷转移畅通，在不考虑转供次数的情况下，主变压器最佳负载率计算公式为

$$P_{zj} = \frac{N \times X - 1}{N} \times X; \quad (N > 0) \tag{5-1}$$

式中：P_{zj} 为计及互联变电站座数和主变压器台数的主变压器最佳负载率；X 为单座变电站的主变压器台数；N 为互联变电站座数。

由上式可知：在满足主变压器"N-1"的情况下，互联变电站座数越多、单座变电站主变压器台数越多，主变压器最佳负载率越大。

以上计算是以满足主变压器"N-1"为前提的，若达到上述理论的最佳负载率，对站间负荷转移系数有相应的要求，计算公式为

$$X = 2 \text{ 时}，\ r = 1 - \frac{1}{2P_{zj}} \tag{5-2}$$

$$X = 3 \text{ 时}，\ r = 1 - \frac{2}{3P_{zj}} \tag{5-3}$$

式中：r 为站间负荷转移系数；X 为单座变电站主变压器台数。

由上式可知：在满足主变压器"$N-1$"前提下，单座变电站主变压器台数越多，对站间负荷转移能力要求越低。

计及站间负荷转移系数的主变压器最佳负载能力计算结果见表 5－1。

表 5－1　　　　　　　　计及站间负荷转移系数的主变压器最佳负载能力

互联变电站	互联模型	主变压器（台）	主变压器最佳负载率/站间负荷转移系数	
			"$N-1$"准则下最佳负载率（%）	站间负荷转移系数最佳值
2 座互联		2	75	0.33
		3	83.33	0.20
3 座互联		2	83.33	0.40
		3	88.89	0.25
4 座互联		2	87.5	0.43
		3	91.67	0.27

（1）主变压器容量相同时。在变电站及其互联变电站均满足"$N-1$"的前提下，当站间负荷转移系数小于其对应条件下的最佳值时（见表 5－1），计算主变压器最佳负载率为

$$X=2 \text{ 时}, \quad P_{zj}=1/2(1-r) \tag{5-4}$$

$$X=3 \text{ 时}, \quad P_{zj}=2/3(1-r) \tag{5-5}$$

（2）主变压器容量不相同时。当主变压器容量不相同时，通过计算主变压器最佳平均负载率来体现主变压器最佳负载能力。

主变压器满足"$N-1$"条件下，计算公式为

$$X=2 \text{ 时}, \quad P_n=\frac{\min(a,b)}{(1-r)(a+b)} \tag{5-6}$$

由于要兼顾其互联变电站主变压器"$N-1$"，因此主变压器最佳平均负载率 P_{zj} 与主变压器平均负载率 P_n 的关系为（以两台主变压器的变电站为例）

若　　　　　　　$$\sum Q \geqslant P_n \times r \times (a+b), \text{ 则 } P_{zj}=P_n \tag{5-7}$$

若　　　　　　　$$\sum Q < P_n \times r \times (a+b), \text{ 则 } P_{zj}=\frac{\sum Q+\min(a,b)}{a+b} \tag{5-8}$$

式中：P_n 为主变压器平均负载率；X 为变电站主变压器台数；r 为站间负荷转移系数；$\sum Q$ 为互联变电站的可开放容量之和；P_{zj} 为变电站最佳负载率；a、b 为变电站各主变压器容量。

不同容量差额下主变压器最佳负载率计算结果见表 5-2。

表 5-2 　　　　　　　　　　不同容量差额下主变压器最佳负载率

序号	主变压器容量构成（MVA）		容量差额（MVA）	容量差额与容量总额的比率	最佳负载率（%）		
					2 站互联	3 站互联	4 站互联
1	63	20	43	51.80%	62.05	74.70	81.02
2	50	20	30	42.90%	64.29	76.19	82.14
3	63	31.5	31.5	33.30%	66.67	77.78	83.33
4	40	20	20	33.30%	66.67	77.78	83.33
5	50	31.5	18.5	22.70%	69.33	79.55	84.66
6	63	40	23	22.30%	69.42	79.61	84.71
7	31.5	20	11.5	22.30%	69.42	79.61	84.71
8	40	31.5	8.5	11.90%	72.03	81.35	86.01
9	63	50	13	11.50%	72.12	81.42	86.06
10	50	40	10	11.10%	72.22	81.48	86.11
11	相同容量		0	0	75	83.33	87.5

2. 计及一、二次转供的主变压器最佳负载率

在电网实际运行中，需要考虑地区相关的调度规范，确保不停电或者短时停电。本次对主变压器最佳负载能力的研究只考虑两种转供模式：一是站间联络的主变压器采用一次转供；二是站内联络的主变压器不考虑过负荷系数时采用一次转供，考虑过负荷系数时，由于主变压器只能允许短时过负荷，则应采用二次转供将过负荷部分的负荷转移到站间有联络的主变压器上。

（1）一次转供。假定配电系统中各座变电站站内主变压器并列运行，不同变电站的主变压器间联络线路极限传输容量足够大，即整个配电系统站间负荷转移畅通，则一次转供下主变压器最佳负载率计算公式为

$$P_{zj-1} = (H_w + H_N)/(H_w + H_N + 1) \tag{5-9}$$

式中：P_{zj-1} 为一次转供下主变压器最佳负载率；H_w 为站外互联的主变压器台数；H_N 为站内互联的主变压器台数。

不同主变压器互联台数下的主变压器最佳负载率情况如图 5-1 所示。

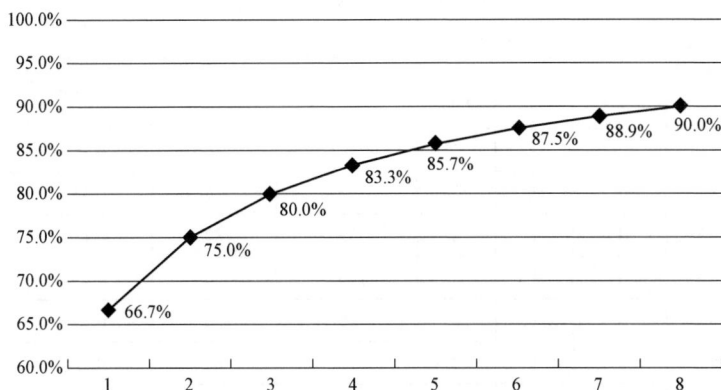

图 5-1　不同主变压器互联台数下的主变压器最佳负载率（一次转供）

由以上分析可知：在一次转供情况下，互联主变压器台数在 0~3 台时，线性较为明显；超过 4 台后，曲线趋缓，即继续加强互联主变压器台数对提升主变压器最佳负载率效果不明显。

（2）二次转供。二次转供在一次转供基础上需考虑：主变压器允许短时过负荷系数、站内互联主变压器台数、站内互联主变压器的站间联络关系、联络线路极限容量。

实际计算中，在考虑站内过负荷系数后，站内任一主变压器进行"$N-1$"校验时，其所带负荷由站内主变压器和站间与之有直接联络的主变压器来分担，并且允许站内其他联络主变压器短时过负荷运行，但过负荷的部分经过二次转供转到与之有联络的站间主变压器 j 上，可将其等效为 i 主变压器与 j 主变压器存在间接的联络关系，从而进行矩阵计算，具体步骤为：① 定义虚拟联络矩阵及初始负荷转移矩阵；② 确定二次转供对象及转供负荷大小；③ 考虑联络线容量限制时修正转供负荷矩阵中的元素；④ 考虑二次转供的负荷转移矩阵计算；⑤ 联络单元最大负载率计算。

（3）计及一、二次转供的主变最佳负载率。由于山东电网中三主变压器变电站站内低压侧未采用单母六分段环型接线，因此主变压器最佳负载率只考虑站内互联主变压器台数为 1 的情况；根据相关调度规范，主变压器允许的短时过负荷系数取 1.3，则考虑一次转供和二次转供下的主变压器最佳负载率见表 5-3。

表 5-3　　　　　　　　考虑电网运行实际的主变压器最佳负载率

变电站座数	主变压器台数构成	主变压器容量（设单位1）	主变压器互联台数		主变压器最佳负载率（%）		站间负荷转移系数	
			站内互联	站间互联	一次转供	二次转供	一次转供	二次转供
两站互联	2×2	1	1	1	66.7	75	0.25	0.33
	2×2	1	1	2	75	75	0.33	0.33
	2×3	1	1	2	75	80	0.11	0.17
	2×3	1	1	3	80	80	0.17	0.17
三站互联	3×2	1	1	2	75	80	0.33	0.38
	3×3	1	1	2	75	80	0.11	0.17
四站互联	4×2	1	1	3	80	85.7	0.38	0.42
	4×3	1	1	3	80	85.7	0.17	0.22

（二）线路最佳负载率计算

由于线路负载率与变电站负载情况密切相关，因此计算时采用主变压器最佳负载能力的结果进行计算。

线路最佳负载率计算公式为

$$P_{L-zj} = (S_d \times N \times P_{zj}) / (Q_L \times N_L) \qquad (5-10)$$

式中：P_{L-zj} 为线路最佳负载率；P_{zj} 为主变压器最佳负载率；S_d 为单台主变压器容量（如主变压器容量存在多种，则取平均单台主变压器容量）；N 为单座变电站的主变压器台数；Q_L 为线路持续允许输送容量；N_L 为相应供电模式下的线路条数。

线路"N-1"情况下，线路最佳负载率（$N_L > 1$）计算公式为

$$P_{L-zj} = (S_d \times N \times P_{zj}) / [Q \times (N_L - 1)] \qquad (5-11)$$

根据上述公式计算得出目标网架结构下线路最佳负载率见表 5-4。

表 5-4　　　　　　　　目标网架结构下线路最佳负载率

电网结构	主变压器（台）	单台主变压器容量（MVA）	线路最佳负载率（%）		
			2 座互联	3 座互联	4 座互联
三线两站	2	63	36.68	39.13	41.92
	3	63	58.70	58.70	62.88
四线三站	2	63	36.68	39.13	41.92
	3	63	58.70	58.70	62.88

注　JL/G1A-2×300 导线的持续允许输送容量按照 257.6MVA 计算。

三、基于设备最佳负载能力的设备选型计算

（一）主变压器选型

1. 基于主变压器最佳负载能力的主变压器容量选型

基于主变压器最佳负载能力的单站变电总容量计算公式为

$$S = K \times \frac{D}{P_{zj}} \qquad (5-12)$$

式中：S 为基于主变压器最佳负载能力的单座变电站主变压器总容量；P_{zj} 为对应供电模式下的主变压器最佳负载率；D 为研究区域的负荷密度；K 为研究区域的面积。

2. 基于不同供电区域的主变压器容量选型

基于主变压器最佳负载能力的相应供电区域的单台主变压器容量计算公式为

$$S = \frac{D \times \pi R^2}{P_{zj}} \times N \qquad (5-13)$$

式中：S 为单台主变压器容量；P_{zj} 为对应供电模式下的主变压器最佳负载率；D 为对应供电区域的负荷密度要求；R 为对应供电区域的中压供电半径；N 为对应供电模式下的主变压器台数。

（二）线路选型

根据主变压器选型，结合线路最佳负载能力计算，基于线路最佳负载能力的线路平均持续允许输送容量计算公式为

$$S_L = \frac{P_{zj}}{P_{L-zj}} \times \frac{S}{N} \qquad (5-14)$$

式中：S_L 为线路持续允许输送容量需求；P_{zj} 为对应供电模式下的主变压器最佳负载率；S 为对应供电模式下的单台主变压器容量；P_{L-zj} 为对应供电模式下的线路最佳负载率；N 为对应供电模式下的线路条数。

由上式可知：在变电站主变压器容量已知情况下，可通过设备最佳负载率来计算该供电模式下单条线路持续允许输送容量，从而进行设备选型。

（三）目标网架与设备选型建议

根据以上计算，得到 110kV 电网目标网架结构及设备选型建议，见表 5-5。

表 5-5   110kV 电网目标网架结构与设备选型建议

供电区域	饱和网架推荐结构	主变压器（台）	单台容量（MVA）	架空导线选型	电缆导线选型
A+	三线两站、四线三站	3	63、50	2×300、300	1000、630
A	三线两站、四线三站	3	63、50	2×300、300	1000、630
B	三线两站、四线三站	3	63、50	2×300、300	1000、630
C	三线两站、四线三站	2～3	50、31.5	2×300、300	—
D	三线两站、四线三站	2～3	31.5	300	—

第三节 设备利用效率指标评价体系

一、评价思路

采用相关性分析法和基于主客观的权重计算方法构建指标评价体系，将"高压配电网设备利用效率评价"这一复杂问题逐渐分解为清晰的结构层次与分析指标。首先采用层次分析法进行主观权重计算，其次采用熵权法进行客观权重计算，最后通过组合权重计算得到各评估指标的最终权重。在此基础之上确定各指标的评分标准及得分评价，形成高压配电网设备利用效率评价体系。

二、评估指标设置原则

（1）客观性原则。尽可能采用比较科学的办法，排除主观因素影响。

（2）可比性原则。即指标必须具有横向可比性。

（3）可获取性原则。即指标的数据应容易获得且来源可靠、客观。

（4）实用性和简洁性原则。即选取的指标要能够反映事物的本质特征，尽可能利用现有统计资料，选择有代表性的综合指标和重点指标。

三、评估指标初选

通过对某市电网不同电压等级变压器、线路资产与利用效率关系的实际调研分析，初步建立反映地区电网设备利用效率的 12 个评估指标，高压设备利用效率评估指标说明见表 5-6。

表 5-6　　　　　　　　　　　　高压设备利用效率评估指标说明

序号	指标名称	单位	计算方法
1	容载比	—	降压变压器总容量/最大降压负荷
2	主变压器最大负载率平均值	%	主变压器年最大负荷/主变压器额定容量
3	主变压器年平均负载率	%	主变压器年平均负荷/主变压器额定容量（主变压器年平均负荷=主变压器年输送电量/8760）
4	主变压器最大负荷利用小时数	h	主变压器年输送电量/主变压器最大负荷
5	重载主变压器占比	%	重载主变压器数量/主变压器总数
6	轻载主变压器占比	%	轻载主变压器数量/主变压器总数
7	线路最大负载率平均值	%	线路年最大输送功率/线路长期运行输送容量
8	线路年平均负载率	%	线路年平均负荷/线路热稳定极限（线路年平均负荷=线路年输送电量/8760）
9	线路最大负荷利用小时数	h	线路年输送电量/线路最大负荷
10	重载线路占比	%	重载线路数量/线路总数
11	轻载线路占比	%	轻载线路数量/线路总数
12	单位线路长度年供电量	亿 kWh/km	线路年供电量/线路长度

四、指标相关性分析及筛选

以 2019 年山东省部分县级供电公司的运行数据为基础数据，首先根据主变压器数据和线路数据对初选指标进行分类，然后进行相关性计算，最后按照相关性筛选原则对指标进行筛选。

数据样本表见表 5-7，初选的 12 个指标中主变压器、线路指标各 6 个，根据表 5-7 中数据样本得到的初选指标分类结果见表 5-8。

表 5-7　　　　　　　　　　　　　数 据 样 本 表

序号	指标名称	A县	B县	C县	D县	E县	F县	G县	H县	I县	J县	K县
1	容载比	2.57	2.8	2.21	2.7	2.99	2.61	2.82	3.83	2.74	2.70	3.35
2	主变压器最大负载率平均值	38.9	35.69	51.31	30.90	28.46	46.58	36.99	26.27	37.34	37.10	28.51
3	主变压器年平均负载率	11.21	30.34	43.61	26.26	24.2	39.59	17.30	14.46	15.80	18.48	18.08
4	主变压器最大负荷利用小时数	1500	2840	3674	3492	4731	3381	4328	4220	3940	5777	4997

续表

序号	指标名称	A县	B县	C县	D县	E县	F县	G县	H县	I县	J县	K县
5	重载主变压器占比	8.33	0	0	0	0	5.88	0	0	0	0	0
6	轻载主变压器占比	16.67	0.00	0.00	31.25	31.57	11.76	13.33	17.65	16.67	14.89	27.27
7	线路最大负载率平均值	37.8	33.58	26.35	33.45	24.75	32.57	18.48	18.59	19.94	27.09	13.89
8	线路年平均负载率	12.1	28.54	22.39	28.44	21.04	27.69	7.79	6.05	7.82	12.63	19.00
9	线路最大负荷利用小时数	1515	2562	3359	3065	4506	3094	3847	2925	3238	4020	1605
10	重载线路占比	2	0	0	0	0	0	0	0	0	0	0
11	轻载线路占比	10.53	25.00	41.67	20.00	50.00	21.43	21.05	12.50	31.58	14.29	50.00
12	单位线路长度年供电量	0.007	0.069 6	0.063 3	0.067 4	0.139 0	0.070 5	0.063	0.044	0.074	0.141	0.018

表 5-8 初 选 指 标 分 类

指标类	指标名称
主变压器	容载比 A1
	主变压器最大负载率平均值 A2
	主变压器年平均负载率 A3
	主变压器最大负荷利用小时数 A4
	重载主变压器占比 A6
	轻载主变压器占比 A6
线路	线路最大负载率平均值 A7
	线路年平均负载率 A8
	线路最大负荷利用小时数 A9
	重载线路占比 A10
	轻载线路占比 A11
	单位线路长度年供电量 A12

主变压器类、线路类指标相关性矩阵分别见表 5-9 和表 5-10。

表 5-9　　　　　　　　　主变压器类指标相关性矩阵

指标	容载比	主变压器最大负载率平均值	主变压器年平均负载率	主变压器最大负荷利用小时数	重载主变压器占比	轻载主变压器占比
容载比	1					
主变压器最大负载率平均值	−0.82	1				
主变压器年平均负载率	−0.48	0.40	1			
主变压器最大负荷利用小时数	0.35	−0.33	−0.82	1		
重载主变压器占比	−0.30	0.37	0.84	−0.69	1	
轻载主变压器占比	0.42	−0.71	−0.17	0.31	−0.08	1

表 5-10　　　　　　　　　线路类指标相关性矩阵

指标	线路最大负载率平均值	线路年平均负载率	线路最大负荷利用小时数	重载线路占比	轻载线路占比	单位线路长度年供电量
线路最大负载率平均值	1					
线路年平均负载率	0.32	1				
线路最大负荷利用小时数	−0.15	0.12	1			
重载线路占比	0.51	−0.5	−0.56	1		
轻载线路占比	−0.44	0.38	0.12	−0.38	1	
单位线路长度年供电量	0.03	0.26	0.88	−0.49	0.15	1

根据相关性筛选原则对指标进行筛选，筛选后推荐评估指标见表 5-11。

表 5-11　　　　　　　　　推 荐 评 估 指 标 表

指标类	指标名称
主变压器	主变压器最大负载率平均值 A2
	主变压器年平均负载率 A3
	轻载主变压器占比 A6
线路	线路最大负载率平均值 A7
	线路年平均负载率 A8
	轻载线路占比 A11
	单位线路长度年供电量 A12

五、基于主客观权重的评价体系构建

（一）主观权重计算——层次分析法

采用层次分析法构建设备利用效率评价体系，高压配电网设备利用效率评价体系指标见表 5–12。

表 5–12 高压配电网设备利用效率评价体系指标

目标层	准则层	指标层
高压配电网设备利用效率评价	主变压器指标	主变压器最大负载率平均值
		主变压器年平均负载率
		轻载主变压器占比
	线路指标	线路最大负载率平均值
		线路年平均负载率
		轻载线路占比
		单位线路长度年供电量

准则层指标权重设置采用德尔菲法确定，两指标占比均为 50%。指标层权重采用九标度法确定，首先对各项评估指标进行两两比较，从而建立判断矩阵。判断标度的定义说明见表 5–13。

表 5–13 判断矩阵标度定义说明

标度分值	标度定义
1	两个指标相比，对设备利用效率评价具有同等作用
3	两个指标相比，对设备利用效率评价，前者比后者稍微重要
5	两个指标相比，对设备利用效率评价，前者比后者明显重要
7	两个指标相比，对设备利用效率评价，前者比后者强烈重要
9	两个指标相比，对设备利用效率评价，前者比后者极端重要
2、4、6、8	上述相邻判断的中间值

通过九标度法确定主变压器指标和线路指标的判断矩阵结果，经过一致性校验及和积法计算，确定各项评估指标的权重值，层次分析法权重计算结果见表 5–14。

表 5-14　　　　　　　　　　层次分析法权重计算结果

目标层	准则层	权重	指标层	权重
高压配电网设备利用效率评价	主变压器	0.5	主变压器最大负载率平均值	0.25
			主变压器年平均负载率	0.59
			轻载主变压器占比	0.16
	线路	0.5	线路最大负载率平均值	0.29
			线路年平均负载率	0.47
			轻载线路占比	0.15
			单位线路长度年供电量	0.09

（二）客观权重计算——熵权法

1. 标准化处理

根据 11 个县区算例，将 7 个评估指标进行标准化处理，标准化处理结果见表 5-15。

表 5-15　　　　　　　　　　标 准 化 处 理 结 果

评估指标	A 县	B 县	C 县	D 县	E 县	F 县	G 县	H 县	I 县	J 县	K 县
主变压器最大负载率平均值	0.50	0.38	1.00	0.18	0.09	0.81	0.43	0.00	0.44	0.43	0.09
主变压器年平均负载率	1.00	0.24	0.36	0.20	0.18	0.33	0.03	0.00	0.01	0.04	0.03
轻载主变压器占比	0.53	0.00	0.00	0.99	1.00	0.37	0.42	0.56	0.53	0.47	0.86
线路最大负载率平均值	1.00	0.82	0.52	0.82	0.45	0.78	0.19	0.20	0.25	0.55	0.00
线路年平均负载率	1.00	0.00	0.23	0.00	0.28	0.03	0.78	0.85	0.78	0.60	0.36
轻载线路占比	0.00	0.37	0.79	0.24	1.00	0.28	0.27	0.05	0.53	0.10	1.00
单位线路长度年供电量	0.00	0.47	0.42	0.45	0.99	0.47	0.42	0.28	0.50	1.00	0.08

2. 各指标比重与熵值计算

计算各指标比重与熵值，熵值计算结果见表 5-16。

表 5–16   熵 值 计 算 结 果

评估指标	A县	B县	C县	D县	E县	F县	G县	H县	I县	J县	K县	熵值
主变压器最大负载率平均值	0.10	0.09	0.14	0.06	0.05	0.13	0.09	0.03	0.10	0.10	0.05	0.93
主变压器年平均负载率	0.15	0.09	0.11	0.09	0.08	0.11	0.05	0.04	0.05	0.05	0.05	0.88
轻载主变压器占比	0.09	0.03	0.03	0.12	0.12	0.08	0.08	0.09	0.09	0.09	0.12	0.93
线路最大负载率平均值	0.12	0.11	0.09	0.11	0.09	0.11	0.06	0.06	0.07	0.10	0.03	0.94
线路年平均负载率	0.13	0.03	0.07	0.03	0.07	0.04	0.12	0.12	0.12	0.10	0.08	0.90
轻载线路占比	0.03	0.09	0.12	0.07	0.13	0.08	0.07	0.04	0.10	0.05	0.13	0.91
单位线路长度年供电量	0.03	0.09	0.09	0.09	0.13	0.09	0.09	0.07	0.09	0.13	0.04	0.94

3. 差异系数计算

根据熵权值计算得到指标差异系数 G_j，计算结果见表 5–17。

表 5–17   差 异 系 数 计 算 结 果

评估指标	差异系数
主变压器最大负载率平均值	0.07
主变压器年平均负载率	0.12
轻载主变压器占比	0.07
线路最大负载率平均值	0.06
线路年平均负载率	0.10
轻载线路占比	0.09
单位线路长度年供电量	0.06
合计	0.57

4. 权重计算结果

根据以上计算，得到熵权法权重计算结果见表 5–18。

表 5–18   熵权法权重计算结果

评估指标	权重
主变压器最大负载率平均值	0.13
主变压器平均负载率	0.21
轻载主变压器占比	0.12

续表

评估指标	权重
线路最大负载率平均值	0.10
线路年平均负载率	0.17
轻载线路占比	0.16
单位线路长度年供电量	0.11

（三）基于主客观方法的组合权重计算

设主观权重向量为 v_j，客观权重向量为 w_j，组合权重为 r_j。根据最小鉴别信息原理，使组合权重 $r_j(i)$ 与 $v_j(i)$、$w_j(i)$ 尽可能的接近，建立目标函数为

$$F = \sum_{i=1}^{m} r\left\{i\left[\ln\frac{r(i)}{v_j(i)}\right]\right\} + \sum_{i=1}^{m} r\left\{i\left[\ln\frac{r(i)}{w_j(i)}\right]\right\} \tag{5-15}$$

$$\sum_{i=1}^{m} r(i) = 1; \quad r(i) > 0 \tag{5-16}$$

采用拉格朗日乘子法求解，可得组合权重公式为

$$r_j = \frac{\sqrt{v_j(i)w_j(i)}}{\sum_{j=1}^{m}\sqrt{v_j(i)w_j(i)}} \tag{5-17}$$

根据以上计算公式，得出权重最终计算结果，基于主客观方法的权重计算结果见表 5-19。

表 5-19　　　　　　　　　基于主客观方法的权重计算结果

评估指标	主观权重（层次分析法）	客观权重（熵权法）	组合权重结果
主变压器最大负载率平均值	0.13	0.13	0.13
主变压器年平均负载率	0.29	0.21	0.26
轻载主变压器占比	0.08	0.12	0.10
线路最大负载率平均值	0.14	0.10	0.13
线路年平均负载率	0.24	0.17	0.21
轻载线路占比	0.08	0.16	0.11
单位线路长度年供电量	0.04	0.11	0.07

六、指标评分标准

根据《山东配电网规划设计技术规范》等行业规范和技术标准及设备最佳负载能力计算结果，确定合理有效的指标评分标准。各指标评分方法见表 5-20。

表 5-20　　　　　　　　　　　各 指 标 评 分 方 法

指标	评分标准（x 为指标值，y 为得分）
主变压器最大负载率平均值	若主变压器最大负载率平均值<20%P_{zj}，则得分为 0； 若 20%P_{zj}≤主变压器最大负载率平均值<40%P_{zj}，则得分区间（0～60）分，公式为 $y=3x-60$；若 40%P_{zj}≤主变压器最大负载率平均值<60%P_{zj}，则得分区间 [60～80] 分，公式为 $y=x+20$；若 60≤主变压器最大负载率平均值<P_{zj}，则得分区间 [80～100] 分，公式为 $y=0.5x+50$；若 P_{zj}≤主变压器最大负载率平均值，则得分 100
线路最大负载率平均值	若线路最大负载率平均值<20%P_{zj}，则得分为 0； 若 20%P_{zj}≤线路最大负载率平均值<40%P_{zj}，则得分区间（0～60）分，公式为 $y=3x-60$；若 40%P_{zj}≤线路最大负载率平均值<60%P_{zj}，则得分区间 [60～80] 分，公式为 $y=x+20$；若 60≤线路最大负载率平均值<P_{zj}，则得分区间 [80～100] 分，公式为 $y=0.5x+50$；若 P_{zj}≤线路最大负载率平均值，则得分 100
主变压器年平均负载率	若主变压器年平均负载率<20%P_{zj}，则得分为 0； 若 20%P_{zj}≤主变压器年平均负载率<40%P_{zj}，则得分区间（0～60）分，公式为 $y=3x-60$；若 40%P_{zj}≤主变压器年平均负载率<60%P_{zj}，则得分区间 [60～80] 分，公式为 $y=x+20$；若 60≤主变压器年平均负载率<P_{zj}，则得分区间 [80～100] 分，公式为 $y=0.5x+50$；若 P_{zj}≤主变压器年平均负载率，则得分 100
线路年平均负载率	若线路年平均负载率<20%P_{zj}，则得分为 0； 若 20%P_{zj}≤线路年平均负载率<40%P_{zj}，则得分区间（0～60）分，公式为 $y=3x-60$；若 P_{zj}≤线路年平均负载率，则得分 100。若 60≤线路年平均负载率<P_{zj}，则得分区间 [80～100] 分，公式为 $y=0.5x+50$；若 40%P_{zj}≤线路年平均负载率<60%P_{zj}，则得分区间 [60～80] 分，公式为 $y=x+20$
主变压器轻载占比	按照指标值最大得分为 50 分，指标值最小得分为 100 分，建立评分公式为 $y=kx+b$；其中本指标最大值、最小值分别为 39.35、0.00。 最终评分公式为 $y=-1.27x+100.00$
线路轻载占比	按照指标值最大得分为 50 分，指标值最小得分为 100 分，建立评分公式为 $y=kx+b$；其中本指标最大值、最小值分别为 60.00、3.48。 最终评分公式为：$y=-0.88x+103.08$
单位长度线路年供电量	按照指标值最小得分为 0 分，指标值最大得分为 100 分，建立评分公式：$y=kx+b$

最终区域总体评分=$\sum$（指标得分×指标占指标体系权重）

七、综合得分评价标准

将指标评价体系综合得分评价分为较高、一般和较差三个等级，根据负荷不同发展阶段，提出对应的发展建设建议，综合得分评价标准及发展建议见表 5-21。

表 5-21　　　　　　　　　综合得分评价标准及发展建议

序号	得分区间	综合评价	负荷发展期	发展建设建议
1	≥80	效率较高	慢速增长期	目标导向，适时建设
			快速增长期	重点建设，加大投资
			缓慢增长饱和期	适当建设，平滑过渡
2	≥50 且＜80	效率一般	慢速增长期	挖掘潜力，适时建设
			快速增长期	重点建设，适当挖潜
			缓慢增长饱和期	挖掘潜力，慎重建设
3	＜50	效率较差	慢速增长期	挖掘潜力，适时建设
			快速增长期	重点建设，适当挖潜
			缓慢增长饱和期	挖掘潜力，慎重建设

注　受部分客观约束条件限制（政策性投资、优化营商环境、抢占电力市场等），部分问题仍需通过新增布点进行解决。

第四节　优 化 策 略 分 析

一、基于设备最佳负载能力的优化策略

基于对设备最佳负载能力的研究，从现状电网供电能力不足问题的解决和目标网架构建两个方面提出优化策略，分别见表 5-22 和表 5-23。

表 5-22　　　　　　　现状电网供电能力不足问题优化策略

研究方面	场景	约束条件	措施
供电能力不足问题解决	潜力不可挖掘	—	新增布点
	潜力可挖掘	目标网架有布点	方案论证，时序优选
		目标网架无布点	容量匹配
			提高站间负荷转移系数
			增加互联变电站个数
			增加主变压器台数

注　线路利用效率提升主要通过网架结构优化（提高站线比）和选择相适应导线。

表 5-23   目标网架构建优化策略

研究方面	问题	场景	约束条件	措施
目标网架构建	可挖潜力不足	—	—	典型配置方案实施
	可挖潜力充足	有客观约束限制	政策响应	优先新增布点
			营商环境	
			抢占市场	
			…	
		无客观约束限制	投资效益	过渡方案论证比选
			建设成效	

根据以上优化策略，提高设备最佳负载能力的措施主要为现有变压器增容、扩建和 10kV 联络工程建设，各类工程建设周期见表 5-24。

表 5-24   各类工程规划建设周期情况表

建设类型	前期阶段周期	建设阶段周期	合计
110kV 变电站布点	12 个月	12~24 个月	24~36 个月
主变压器扩建	3~6 个月	6~9 个月	9~15 个月
变压器改造	3~6 个月	6~9 个月	9~15 个月
10kV 建设	0 个月	3~6 个月	3~6 个月

当通过提升高压配电网设备利用效率和均衡周边变电站负荷仍无法满足负荷发展需求时，需及时新增布点；结合变电站规划建设周期、研究区域负荷发展阶段和负荷增速等情况可计算得出需新增布点的主变压器负载率临界值（见表 5-25），即启动相关电网项目的最佳时机。

表 5-25   需新增布点的主变压器负载率触发临界值计算

互联变电站	主变压器台数	最佳负载能力	负荷发展阶段	年均负荷增速	规划建设周期（年）	触发临界值
2 座互联	2	75.0%	饱和期	≤2%	3	70.7%
			较慢增长	>2%且≤4%	3	66.7%
			中等增长	>4%且≤9%	3	57.9%
			较快增长	>9%	3	<57.9%
	3	80.0%	饱和期	≤2%	3	75.4%

互联变电站	主变压器台数	最佳负载能力	负荷发展阶段	年均负荷增速	规划建设周期（年）	触发临界值
2座互联	3	80.0%	较慢增长	>2%且≤4%	3	71.1%
			中等增长	>4%且≤9%	3	61.8%
			较快增长	>9%	3	<61.8%
3座互联	2	80.0%	饱和期	≤2%	3	75.4%
			较慢增长	>2%且≤4%	3	71.1%
			中等增长	>4%且≤9%	3	61.8%
			较快增长	>9%	3	<61.8%
	3	80.0%	饱和期	≤2%	3	75.4%
			较慢增长	>2%且≤4%	3	71.1%
			中等增长	>4%且≤9%	3	61.8%
			较快增长	>9%	3	<61.8%
4座互联	2	85.7%	饱和期	≤2%	3	80.8%
			较慢增长	>2%且≤4%	3	76.2%
			中等增长	>4%且≤9%	3	66.2%
			较快增长	>9%	3	<66.2%
	3	85.7%	饱和期	≤2%	3	80.8%
			较慢增长	>2%且≤4%	3	76.2%
			中等增长	>4%且≤9%	3	66.2%
			较快增长	>9%	3	<66.2%

根据计算，针对不同负荷发展阶段、年均负荷增速及项目建设周期等情况，相应主变压器负载率应在50%～80%为启动相关电网项目的最佳时机。

二、基于指标评价体系的优化策略

从存量和增量两个不同的应用场景方面制定优化策略，基于指标评价体系的设备利用效率优化策略见表5-26。

表 5-26　　　　　　　　基于指标评价体系的设备利用效率优化策略

指标	影响因素	优化措施	
		存量	增量
主变压器最大负载率平均值	负荷增速	优化营商环境,抢占电力市场,挖掘市场需求(煤改电、电动汽车充电设施、三供一业等)	密切根据负荷增长点准备把握负荷成长周期,精准负荷预测
	设备选型与配置	根据设备利用效率情况,适当采取设备轮换等方式	按需配置主变压器台数和容量,负荷密度较小或负荷成长初期可选择小容量主变压器
	站间负荷转移率	提高中压线路联络率和负荷转供能力;缓解重载设备压力,提高轻载设备利用	加强低压侧联络和转供能力,输配协调,提高最大负载能力
			根据设备选型与配置、网架结构选择相适应的主接线形式,确保协调
	分布式电源	提高分布式电源出力可控性,建议增加储能设备,同时实现削峰填谷作用	密切根据政府新能源规划信息,掌握分布式电源情况并提前做好预控,提倡储备设备的配置和分享储备的应用
线路最大负载率平均值	网架结构	结合新建工程和配出工程优化网架结构,在满足可靠性和过渡要求下提高站线比	合理选择设备利用效率较高的目标网架结构,提高站线比
	线路极限承载能力	结合建设改造工程及技改工程,根据目标网架及全寿命周期理念,优化选择导线型号	根据目标网架结构和主变压器选型、运行方式等合理导线选型
主变压器年平均负载率	负荷特性	开展微电网建设和智能用电交互管理,促进分时/实时电价的实施,通过技术手段进行削峰填谷	深入研究不同地区不同用电类型的负荷特性,总结出适用于当地的优化方案
	主变压器容量	根据设备利用效率情况,适当采取设备轮换等方式	按需配置主变压器台数和容量,负荷密度较小或负荷成长初期可选择小容量主变压器
	分布式电源	提高分布式电源出力可控性,建议增加储能设备,同时实现削峰填谷作用	密切根据政府新能源规划信息,掌握分布式电源情况并提前做好预控
线路年平均负载率	网架结构	结合新建工程和配出工程优化网架结构,在满足可靠性和过渡要求下提高站线比	合理选择设备利用效率较高的目标网架结构,提高站线比
	线路极限承载能力	结合建设改造工程及技改工程,根据目标网架及全寿命周期理念,优化选择导线型号	根据目标网架结构和主变压器选型,运行方式等合理导线选型
	负荷特性	开展微电网建设和智能用电交互管理,促进分时/实时电价的实施,通过技术手段进行削峰填谷	深入研究不同地区不同用电类型的负荷特性,总结出适用于当地的优化方案
主变压器轻载占比	负荷分布	通过10kV线路配出,负荷切改等方式提高轻载设备利用,提高设备利用效率均衡性,及时优化供电范围	密切根据负荷增长点,准备把握负荷成长周期,精准负荷预测,适度超前
	运行方式	根据网架结构,选择合理的运行方式,优化变电站供电范围	根据负荷密度、供电面积合理规划网架结构、变电站供电范围和优化时序

续表

指标	影响因素	优化措施	
		存量	增量
线路轻载占比	网架结构	结合新建工程和配出工程优化网架结构，在满足可靠性和过渡要求下提高站线比	合理选择设备利用效率较高的目标网架结构，提高站线比
	负荷分布	通过 10kV 线路配出，负荷切改等方式提高轻载设备利用，提高设备利用效率均衡性	密切根据负荷增长点，准备把握负荷成长周期，精准负荷预测，适度超前
	运行方式	根据网架结构，选择合理的运行方式，优化变电站供电范围	根据负荷密度、供电面积合理规划网架结构、变电站供电范围和优化时序
单位长度线路年供电量	单条线路长度	结合新建及改造工程，优化路径选择，不断缩短线路长度	做好电力设备布局规划，优化路径选择，合理规划目标网架及过渡，纳入市政规划
	负荷特性	开展微电网建设和智能用电交互管理，促进分时/实时电价的实施，通过技术手段进行削峰填谷	深入研究不同地区不同用电类型的负荷特性，总结出适用于当地的优化方案

思考题

1. 高压配电网设备利用效率受哪些因素的影响？除了本文提及的因素外，还有哪些可能的影响因素？

2. 主变压器最佳负载率是怎样计算的？计及了哪些约束条件？

3. 结合地区实际，按照书中所提方法对当地高压配电网设备利用效率进行评价，并分析该评价方法的优缺点。

第六章 10kV 配电变压器 效率效益提升策略

【本章重点】10kV 配电变压器（简称配变）直接面向电力用户，是保障电力"落得下、用得上"的关键环节，是改善民生的重要基础设施。自"十三五"配电网规划及新一轮农网升级改造实施以来，10kV 配变在整体供电能力得到有效加强，但如何进一步提高设备利用率成为供电企业提质增效的关键。本章重点介绍配变典型应用场景分类、典型应用场景的负荷特性分析、配变效率效益分析方法、配变的最优效率效益测算、配变效率效益提升策略。

第一节 配电变压器典型应用场景分类

根据《城市用地分类与规划建设用地标准》（GB 50137—2011）中关于城市建设用地的性质分类，可将用地分为：居住用地，行政办公用地、文化设施用地、教育科研用地、体育用地、医疗卫生用地、社会福利设施用地、商业商务用地、工业用地以及公用设施用地等。

规划建设用地标准中的用地性质分类具备分类直观、在市政用地管控方面有较强的适用性、可操作性等优点，但在农村乡镇区域具有局限性。在电力系统中，电网又有城网、农网之分；自"十三五"农网升级改造以来，"煤改电""机井通电""中心村改造"以及分布式电源等新能源的发展，使得农网的用电负荷不再局限于单一的农村居民用电类型。通过对 A 市的公用配变调研，并结合城市建设用地标准的性质分类，对公用配变接带的用户负荷性质进行梳理分类，共总结归纳出配变适用的 10 类典型应用场景，分别为行政办公区、一般性商业、一般性工业、中小企业、居住小区、农村居民用电、煤改电村庄、机井灌溉类、分布式电源接入类、电动汽车充换电站类典型应用场景，具体典型应用场景的定义或说明见表 6-1。

表 6-1　　　　　　　　　　配变运行的典型应用场景定义或说明

序号	典型应用场景分类	定义或说明
1	行政办公区	主要是行政办公单位，如市县镇政府、公安局、物资局、林业局、消防队、检察院、水务局、工商局、供电局、教育学校、医院等配变台区
2	一般性商业	主要是商业用户，如商业街、各类市场、商业楼、餐饮服务等配变台区
3	一般性工业	主要是工业用户，如纺织厂、汽修厂、机械厂、服装厂、工业区等一般性工业的配变台区
4	中小企业	主要是企业用户，如中小型的公司或企业、商务办公楼、写字楼等配变台区
5	居住小区	主要是城市居配小区
6	农村居民用电	主要是农村区域的居民用电台区
7	煤改电村庄	主要是农村区域进行煤改电的居民用电台区
8	机井灌溉	主要是农村区域用于农业、机井灌溉的用电台区
9	分布式电源接入	主要是接入分布式电源的用电台区
10	电动汽车充换电站	主要是充换电站/桩

第二节　典型应用场景的负荷特性分析

选取 A 市 2019 年公用配变运行数据进行 10 类典型应用场景的负荷特性分析，具体情况如下。

一、配变月度负荷特性分析

分析各典型应用场景 2019 年公用配变月度最大负荷情况，可以得出以下结论。

1. 行政办公区、一般性商业、中小企业和一般性工业

这四类场景配变月度最大负荷曲线呈现"W"型，两个高峰段分别为 6~8 月、12~次年 2 月，年最大负荷发生在 7 月。行政办公区等四种场景配变月度最大负荷曲线如图 6-1 所示。

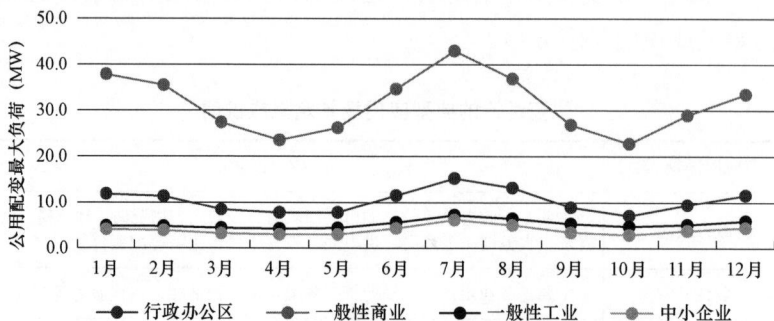

图6-1　行政办公区等四种场景配电变压器月度最大负荷曲线

2. 居住小区、农村居民用电和分布式电源接入

这三类场景配变月度最大负荷曲线呈现"单高峰"，高峰段为6～8月，年最大负荷发生在7月，主要受夏季空调制冷负荷影响，导致负荷较高。居住小区、农村居民用电等三种场景配变月度最大负荷曲线如图6-2所示。

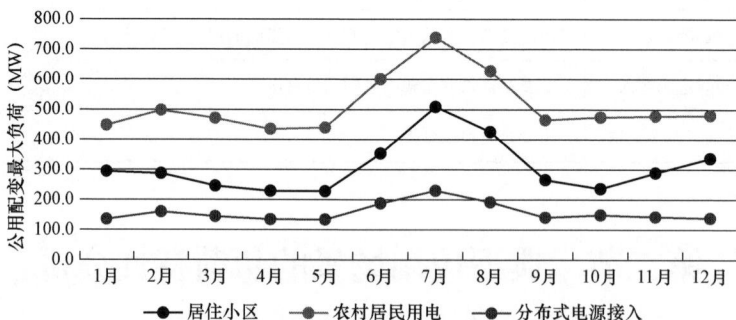

图6-2　居住小区、农村居民用电等三种场景配变月度最大负荷曲线

3. 煤改电村庄

该场景下配变月度最大负荷在11～12月出现高峰段，年最大负荷发生在12月，主要原因为冬春季节天气寒冷，电气供暖耗电较大。煤改电村庄场景配变月度最大负荷曲线如图6-3所示。

4. 机井灌溉

该场景下配变月度最大负荷曲线呈现"多高峰"，负荷高峰分别出现在3月、6月、10月，年最大负荷发生在6月，主要原因为：3月为春季农业耕种，负荷增长较快；6月是因为夏季炎热干旱，亟须机井变灌溉农田，故负荷快速增长并达到峰值；10 月因气候原因仍需灌溉用水。机井灌溉场景配变月度最大负荷曲线如图 6-4 所示。

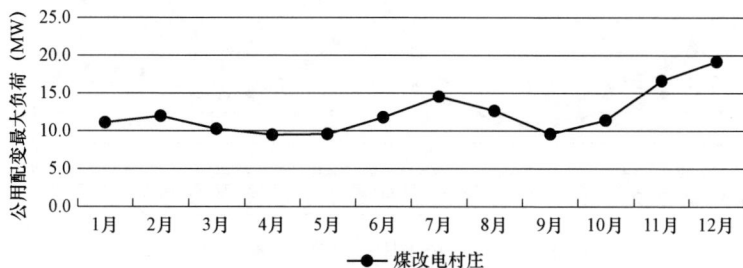

图 6-3　煤改电村庄场景配变月度最大负荷曲线

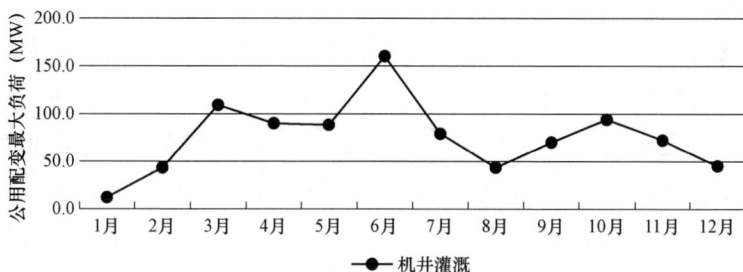

图 6-4　机井灌溉场景配变月度最大负荷曲线

5. 电动汽车充换电站

该场景下配变月度最大负荷数值较小，主要因为目前电动汽车还未全面普及，汽车保有量仍以燃油车为主，用户充换电需求相对较低，一年内变化无明显规律。

二、配变典型日负荷特性分析

经调研，A 市电网 2019 年最大负荷出现在夏季 7 月 27 日。通过分析各典型应用场景典型日配变最大负荷情况，可以得出以下结论。

1. 居住小区、农村居民用电和煤改电村庄

居民类负荷整体走势与人们的日常生活规律一致，配变分别在 11:00～14:00 和 20:00～22:00 时间段形成昼高峰和夜高峰，并在 13:00 形成负荷最高峰，主要原因是白天空调制冷更加集中、用电负荷更高。居民小区等三类场景夏季典型

日负荷特性曲线如图 6-5 所示。

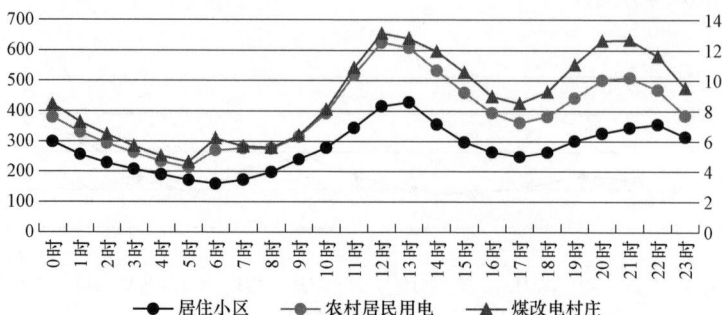

图 6-5　居民小区等三类场景夏季典型日负荷特性曲线

2. 分布式电源接入

该场景负荷主要为农村居民生活及业扩生产用电，配变日最大负荷出现 2 次高峰，分别在 12:00～15:00 和 20:00～22:00，夜高峰负荷高于昼高峰，是因为白天光照充足，分布式光伏发用电，公用配变设备接带负荷降低；晚上居民生活照明、空调制冷等用电负荷改由公用配变接带，从而使该负荷类型台区的用电形成日最高峰。分布式电源接入类夏季典型日负荷特性曲线如图 6-6 所示。

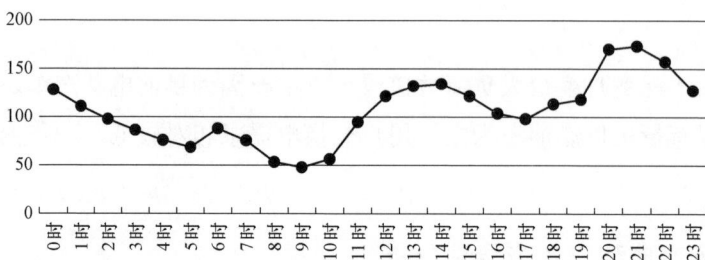

图 6-6　分布式电源接入类夏季典型日负荷特性曲线

3. 行政办公区、一般性商业、中小企业、一般性工业

这四类场景典型日负荷特性与人们工作规律一致，自 9:00 开始负荷开始增长，并在 11:00～13:00 形成昼高峰，中午 12 时为负荷峰值，主要原因是夏季中午为最热时段，空调制冷用电负荷大；下午热度降低，负荷同步降低逐步趋于稳定，并在夜间 22:00 以后负荷骤降。本次调研统计中，工业用户未在夜间形成夜高峰，主要是大型工业用户大都通过专变或 10kV 专用线路供电，一般性

工业主要为中小规模工业,其生产工作规律与人们的正常生活作息规律相接近。行政办公区、一般性商业、一般性工业、中小企业夏季典型日负荷特性曲线分别如图 6-7、图 6-8 所示。

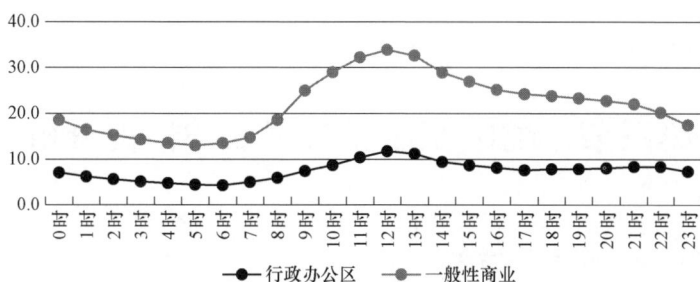

图 6-7　行政办公区、一般性商业夏季典型日负荷特性曲线

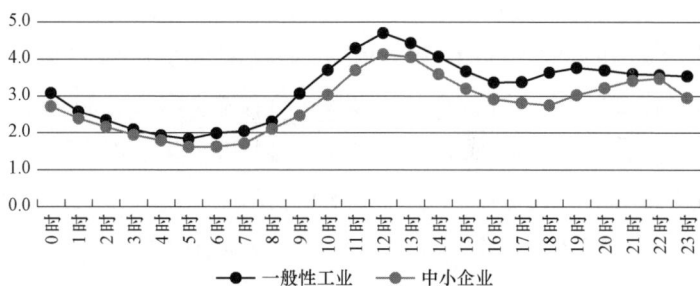

图 6-8　一般性工业、中小企业夏季典型日负荷特性曲线

4. 机井灌溉

该场景典型日负荷特性与人们农业生产规律一致,自 7:00 负荷开始增长,并在 8:00~12:00 形成昼高峰,下午负荷持续保持较高水平,直到夜间 19:00 开始负荷降低,该类负荷整体呈现阶梯型特性。机井灌溉场景夏季典型日负荷特性曲线如图 6-9 所示。

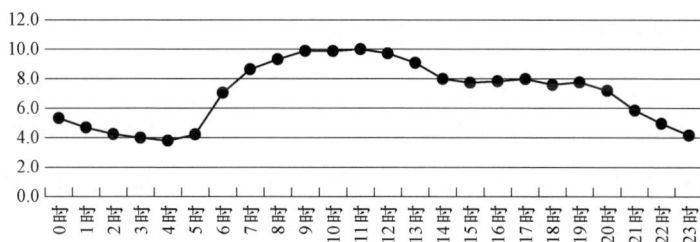

图 6-9　机井灌溉场景夏季典型日负荷特性曲线

5. 电动汽车充换电站

经调研，A 市电动汽车充换电站主要分布在客运站、公交站、高速公路服务站、停车场内等固定场景，目前 A 市电动汽车保有量相对较少，整体用电负荷较小，主要集中在白天。随着后续新建楼盘的统一规划并预留充电桩，预计夜间充电桩用电将会有较大发展空间。

第三节　配电变压器效率效益情况分析

一、配电变压器总体概况

经调研，A 市 2019 年 10kV 公用配电变压器共计 28 310 台，总容量7830.383MVA，共有用户281.958万户，户均容量为2.78kVA/户；10kV 配电变压器年供电量总共 384 509.41 万 kWh，单位配电变压器容量年供电量为491.05kWh/kVA。2019 年 A 市配电变压器最大负载率平均值为34.45%，平均负载率为5.78%，年最大负荷利用小时数平均值为1470h。其中负载率在21%～80%之间的有 23 913 台，占比84.47%；轻载配电变压器3142 台，占比11.10%；重过载配电变压器1255 台，占比4.43%；配电变压器存在轻重载并存的问题，且轻载问题占比更高。

现状效率效益较低主要因为部分配电变压器投运时间短，负荷尚未发展起来，其中投运 3 年以内的配电变压器 12 389 台，占总台数的 43.76%，其最大负载率平均值为29.47%，单位配电变压器容量年供电量仅为294kWh/kVA，原有配电变压器的效益指标也因近期配电变压器增量较大而未得到有效提升。

二、典型应用场景配电变压器效率效益分析

（一）典型应用场景配电变压器概况

经调研，A 市 10kV 公用配电变压器的典型应用场景主要为居住小区、农村居民用电、机井灌溉和分布式电源接入四类，该四类典型应用场景的配电变压器台数和容量分别为4736 台和2847.37MVA、12 983 台和2815.173MVA、4939台和816.54MVA、4335 台和902.535MVA，占总台数比例分别为16.73%、45.86%、17.45%、15.31%，占比合计95.35%。

其余典型应用场景中，行政办公区、一般性商业、一般性工业、中小企业四类配电变压器共计 791 台、容量 272.76MVA，占总台数比例 2.79%；煤改电村庄有配电变压器 482 台，容量 147.915MVA，占总台数比例 1.70%；电动汽车充换电站类有 44 台，容量 28.09MVA，占总台数比例 0.16%。

按城农网统计，城网公用配电变压器 5981 台，占比 21.13%，主要为居住小区、工商政企类和电动汽车类场景；农网公用配电变压器 22 329 台，占比 78.87%，主要为农村居民用电、煤改电村庄、机井灌溉和分布式电源接入等场景。

不同典型应用场景公用配电变压器概况表见表 6-2。

表 6-2　　　　　　　　　不同典型应用场景公用配电变压器概况表

典型应用场景	台数	容量（MVA）	3 年及以下		3～5 年		6～10 年		10 年以上	
			台	容量	台	容量	台	容量	台	容量
居住小区	4736	2847.37	2041	1407.37	786	505.88	1069	575.77	840	358.36
行政办公区	197	58.60	55	17.68	40	11.06	39	12.76	63	17.11
一般性商业	440	166.37	149	65.53	77	26.07	118	42.67	96	32.11
一般性工业	93	24.13	26	7.29	20	4.61	19	5.41	28	6.82
中小企业	61	23.67	17	7.08	10	4.91	14	6.19	20	5.50
农村居民用电	12 983	2815.17	3991	989.76	2855	592.35	3895	804.02	2242	429.05
煤改电村庄	482	147.92	396	127.81	24	5.95	46	10.81	16	3.36
机井灌溉	4939	816.54	4425	753.02	348	40.84	146	20.07	20	2.61
分布式电源接入	4335	902.54	1263	292.52	996	209.61	1344	264.14	732	136.28
电动汽车充换电站	44	28.09	26	16.75	17	10.71	1	0.63	0	0.00
合计	28 310	7830.38	12 389	3684.79	5173	1411.97	6691	1742.45	4057	991.18
其中：城网	5981	3073.65	2418	66.20	987	11.93	1375	13.30	1201	10.27
农网	22 329	4756.73	9971	290.05	4186	114.28	5316	119.43	2856	63.14

（二）配电变压器负载率分析

1. 按典型应用场景分析

行政办公区、一般性商业、一般性工业、中小企业、农村居民用电、分布式电源接入六类设备利用率相对较好，配电变压器最大负载率平均值和配电变压器平均负载率高于全市水平，分别为 36.18%和 7.95%、38.15%和 8.95%、38.43%和 8.60%、37.81%和 7.67%、37.50%和 6.88%、35.85%和 8.43%。

居住小区、机井灌溉、煤改电村庄、电动汽车充换电站四类设备利用率相对较低，配电变压器最大负载率平均值和配电变压器平均负载率低于全市水平，分别为 27.58%和 5.13%、32.13%和 1.44%、27.06%和 3.74%、21.36%和 0.42%。其中：

（1）影响居住小区负载率水平的主要原因。近年来新建居住小区较多，鉴于电力先行的原则进行超前布点，一般新建小区由用户投资并一次性按远期规模建成，小区建成初期入住率较低导致配电变压器轻载。2019 年居住小区轻载配电变压器存在 1236 台，占该场景 26.10%，占比较高。

（2）影响机井灌溉负载率水平的主要原因。此类负荷为季节性负荷，受气候影响较大，灌溉期的降雨量较大则灌溉用电负荷降低。2019 年机井灌溉轻载配电变压器存在 910 台，占该场景 18.42%，占比较高。

（3）影响煤改电村庄负载率水平的主要原因。煤改电村庄配电变压器投运时间短，负荷尚未发展起来，2019 年煤改电村庄轻载配电变压器存在 137 台，占该场景 28.42%，占比较高。

（4）影响电动汽车充换电站负载率水平的主要原因。现状电动汽车保有量较少，整体充电负荷较低，其中 2019 年轻载配电变压器存在 19 台，占该场景 43.18%，轻载配电变压器占比较高。

2. 按投运时间段分析

影响负载率水平的主要原因为投运 0～3 年的配电变压器占比较大，配电变压器接带负荷较轻，台区负荷尚未发展起来。主要体现在居住小区、农村居民用电、机井灌溉、煤改电村庄场景。

3. 按城农网分析

城网和农网的配电变压器最大负载率平均值、配电变压器平均负载率分别为 30.08%、6.45%和 35.62%、5.94%，由此看出农网的配电变压器利用效率略低于城网，且负荷波动性更大，主要因为制冷负荷的影响更大。

不同典型应用场景的公用配电变压器负载率分布情况见表 6-3，不同投运时间段的各典型应用场景配电变压器负载率分布情况见表 6-4。

表 6-3　　　　　不同典型应用场景的公用配电变压器负载率分布情况

典型应用场景	配电变压器（台）	0～20%（台）	21%～40%（台）	41%～60%（台）	61%～80%（台）	81%～100%（台）	≥100%（台）	最大负载率平均值（%）	配电变压器平均负载率（%）
居住小区	4736	1236	2652	621	153	60	14	27.58	5.13
行政办公区	197	11	129	38	9	8	2	36.18	7.95
一般性商业	440	34	242	104	30	26	4	38.15	8.95
一般性工业	93	5	56	19	5	7	1	38.43	8.60
中小企业	61	2	37	13	7	1	1	37.81	7.67
农村居民用电	12 983	646	8113	2787	717	580	140	37.50	6.88
煤改电村庄	482	137	282	34	8	17	4	27.06	3.74
机井灌溉	4939	910	2917	739	153	147	73	32.13	1.44
分布式电源接入	4335	142	3006	836	181	143	27	35.85	8.43
电动汽车充换电站	44	19	24	1	0	0	0	21.36	0.42
合计	28 310	3142	17 458	5192	1263	989	266	34.45	5.78
其中：城网	5981	1262	3419	903	242	133	22	30.08	6.45
农网	22 329	1880	14 039	4289	1021	856	244	35.62	5.94

表 6-4　　　不同投运时间段的各典型应用场景配电变压器负载率分布情况

典型应用场景	3 年及以下		3～5 年		6～10 年		10 年以上	
	最大负载率平均值（%）	平均负载率（%）	最大负载率平均值（%）	平均负载率（%）	最大负载率平均值（%）	平均负载率（%）	最大负载率平均值（%）	平均负载率（%）
居住小区	20.82	3.73	27.25	5.77	33.13	7.55	37.27	9.25
行政办公区	29.06	5.12	39.05	9.72	39.53	9.27	40.99	8.73
一般性商业	30.80	5.55	41.61	9.09	41.06	10.66	43.22	12.39
一般性工业	35.13	8.40	36.36	8.23	39.50	8.32	39.40	8.33
中小企业	27.49	5.97	38.08	8.83	37.26	9.63	46.83	9.69
农村居民用电	31.50	5.39	36.89	6.97	41.84	8.16	41.40	7.88
煤改电村庄	23.26	3.10	40.48	6.69	46.21	8.68	45.70	9.61
机井灌溉	31.79	1.66	34.24	2.07	37.03	2.78	35.33	4.53

典型应用场景	3 年及以下		3～5 年		6～10 年		10 年以上	
	最大负载率平均值（%）	平均负载率（%）	最大负载率平均值（%）	平均负载率（%）	最大负载率平均值（%）	平均负载率（%）	最大负载率平均值（%）	平均负载率（%）
分布式电源接入	30.82	6.41	34.95	7.93	39.27	9.11	39.49	9.32
电动汽车充换电站	22.81	1.54	19.84	0.50	9.63	0.22	—	—
合计	29.47	3.82	34.89	6.67	39.77	8.19	40.18	8.54
其中：城网	23.08	3.98	30.20	6.38	34.84	8.15	38.51	9.50
农网	31.03	3.78	35.99	6.74	41.04	8.21	40.89	8.14

（三）年最大负荷利用小时数分析

1. 按典型应用场景分析

行政办公区、一般性商业、一般性工业、中小企业、分布式电源接入五类配电变压器的设备利用时间相对较好，年最大负荷利用小时数平均值为 1800～2300h。

居住小区和农村居民用电年最大负荷利用小时数平均值略大于 1600h，随着小区的入住率的提升和农村居民的生活水平改善，家用生活及空调等电器的设备利用时间效率将会进一步提升。

煤改电村庄最大负荷利用小时数平均值为 1212h，低于农村居民用电场景，其中配电变压器全年运行 12 个月的配电变压器仅有 266 台，占比 55.19%，主要是煤改电村庄配电变压器投运年限短，负荷尚未发展起来，存在较多的轻载或空载配电变压器。煤改电村庄电力供应集中，负荷发展潜力大，随着村庄人民的生活水平改善，用电需求将会大大增长。

机井灌溉最大负荷利用小时数平均值为 394h，设备利用时间处于较低水平，其中配电变压器全年运行 12 个月的配电变压器仅有 2768 台，占比 56.04%，主要是此类负荷为季节性负荷，大量的设备因未在灌溉期而停运。

电动汽车充换电站最大负荷利用小时数平均值为 174h，设备利用时间处于较低水平，其中配电变压器全年运行 12 个月的配电变压器仅有 17 台，占比 38.64%。

2. 按投运时间段分析

投运 0～3 年的配电变压器最大负荷利用小时数平均值为 1025h，投运 3～5 年的配电变压器最大负荷利用小时数平均值为 1663h，投运 6～10 年的配电变压器最大负荷利用小时数（T_{max}）平均值为 1878h，投运 10 年以上的配电变压器最大负荷利用小时数平均值为 1920h。从统计上分析规律，T_{max} 与配电变压器的投运年限存在一定关系，即当设备投运年限较短，T_{max} 较小；当设备投运年限变长，T_{max} 逐步增大；当设备投运年限达到一定阶段，T_{max} 趋于饱和并呈现上下波动趋势。

其中，行政办公区、一般性工业、中小企业场景的 T_{max} 基本 3～5 年趋于饱和；一般性商业场景的 T_{max} 基本 6～10 年趋于饱和；居住小区因入住率的特性而 T_{max} 基本 10 年左右趋于饱和；农村居民用电的 T_{max} 基本 5 年左右趋于饱和；煤改电村庄由于电气化供电特性明显，与居住小区类似，T_{max} 基本 10 年左右趋于饱和；机井灌溉的 T_{max} 基本 5 年趋于饱和；分布式电源接入主要面向的用户为农村居民和业扩对象，T_{max} 基本 5 年左右趋于饱和；电动汽车充换电站场景的 T_{max} 预计 5 年左右趋于饱和。

3. 按城农网分析

城网主要包括居住小区、工商政企类和电动汽车类等场景，T_{max} 基本 10 年左右趋于饱和；农网主要包括农村居民用电、煤改电村庄、机井灌溉和分布式电源接入类等场景，T_{max} 基本 6～10 年趋于饱和。

不同投运时间段的配电变压器最大负荷利用小时数分布情况见表 6-5。

表 6-5　不同投运时间段的配电变压器最大负荷利用小时数分布情况

典型应用场景	配电变压器台数	T_{max} 平均值	3 年及以下		3～5 年		6～10 年		10 年以上	
			台	T_{max}	台	T_{max}	台	T_{max}	台	T_{max}
居住小区	4736	1630	2041	1171	786	1744	1069	1971	840	2205
行政办公区	197	1925	55	1451	40	2173	39	2283	63	1960
一般性商业	440	2055	149	1380	77	2109	118	2379	96	2662
一般性工业	93	2232	26	2148	20	2071	19	2341	28	2352
中小企业	61	1778	17	964	10	2055	14	2355	20	1927
农村居民用电	12 983	1608	3991	1366	2855	1638	3895	1779	2242	1704
煤改电村庄	482	1212	396	1079	24	1653	46	1874	16	1940
机井灌溉	4939	394	4425	382	348	433	146	590	20	705
分布式电源接入	4335	2060	1263	1887	996	2058	1344	2166	732	2165

续表

典型应用场景	配电变压器台数	T_{max}平均值	3年及以下		3～5年		6～10年		10年以上	
			台	T_{max}	台	T_{max}	台	T_{max}	台	T_{max}
电动汽车充换电站	44	174	26	111	17	269	1	202	0	—
合计	28 310	1470	12 389	1025	5173	1663	6691	1878	4057	1920
其中：城网	5981	1692	2418	1207	987	1785	1375	2053	1201	2191
农网	22 329	1411	9971	981	4186	1634	5316	1833	2856	1806

（四）单位配电变压器容量年供电量分析

1. 按典型应用场景分析

行政办公区、一般性商业、一般性工业、中小企业、分布式电源接入五类设备效益相对较好，单位配变容量年供电量在 640～750kWh/kVA，超过全市平均水平 30%～50%，具体指标分别为 683.68、740.14、748.32、643.27、679.31kWh/kVA。

农村居民用电单位配电变压器容量年供电量为 597.4kWh/kVA，超过全市平均水平 20%。

居住小区、煤改电村庄单位配电变压器容量年供电量分别为 425.86kWh/kVA、315.23kWh/kVA，设备效益处于较低水平主要因入住率不足和配变投运时间较短，产生电量较小。

机井灌溉、电动汽车充换电站单位配电变压器容量年供电量分别为 114.64、32.67kWh/kVA，经济效益较差。

2. 按投运时间段分析

投运 0～3 年的配电变压器单位容量年供电量为 293.63kWh/kVA，投运 3～5年的配电变压器单位容量年供电量为 548.38kWh/kVA，投运 6～10 年的配电变压器单位容量年供电量为 693.28kWh/kVA，投运 10 年以上的配电变压器单位容量年供电量为 787.88kWh/kVA。从宏观规律上，配电变压器的投运年限越长，配电变压器单位投入产出比越高，但单位投入产出比增长的幅度逐步减小，两者并非线性关系，配变单位投入产出比还与配变的运行效率、负荷特性等相关。

3. 按城农网分析

城网的单位配电变压器容量年供电量低于农网指标，主要因为城网中配电变压器主要为居住小区场景，占比 79%；居住小区建设标准较高而短期内因入住率尚未提升而导致效益较低。

各典型应用场景配电变压器供电量和单位配电变压器容量年供电量情况见表 6-6。

表6-6　各典型应用场景配变供电量和单位配电变压器容量年供电量情况

典型应用场景	单位配变容量年供电量（kWh/kVA）	单位配电变压器容量年供电量（kWh/kVA）			
		3 年及以下	3～5 年	6～10 年	10 年以上
居住小区	425.86	234.19	443.43	613.31	852.61
行政办公区	683.68	389.07	748.80	815.51	847.65
一般性商业	740.14	393.16	767.70	949.49	1147.74
一般性工业	748.32	834.47	686.81	751.37	768.71
中小企业	643.27	216.28	832.95	841.70	800.61
农村居民用电	597.40	444.44	611.99	719.25	701.79
煤改电村庄	315.23	250.86	548.59	782.60	848.93
机井灌溉	114.64	107.12	161.09	261.72	428.48
分布式电源接入	679.31	543.87	675.59	767.36	805.13
电动汽车充换电站	32.67	25.98	43.91	19.41	—
合计	491.05	293.63	548.38	693.28	787.77
其中：城网	470.80	259.73	477.60	652.76	879.16
农网	504.13	315.52	591.71	716.71	710.62

第四节　配电变压器的最优效率效益测算

一、构建模型分析

1. 模型构建的影响因素分析

影响配电变压器效率效益的宏观因素主要是经济社会的发展水平，电力发展的总体速度和趋势；影响配电变压器效率的具体因素有配电变压器负载率、配电变压器运行效率、年最大负荷利用小时数；影响配电变压器效益的主要因素有年供电量、配电变压器容量。

2. 模型构建

结合配电变压器调研数据，通过分析配电变压器年供电量、年最大负荷和年最大负荷利用小时数、单位配电变压器容量年供电量等指标间的逻辑关系，构建函数模型为

$$T_{\max} \times P_{\mathrm{m}} = W = W_{\mathrm{s}} \times S_{\mathrm{N}} \qquad (6-1)$$

式中：$T_{\max}$ 为年最大负荷利用小时数，h；P_{m} 为年最大负荷，kW；W 为年供电量，kWh；S_{N} 为变压器额定容量，kVA；W_{s} 为单位配电变压器容量年供电量，kWh/kVA。

公式转换得到

$$W_{\mathrm{s}} = T_{\max} \times P_{\mathrm{m}}/S_{\mathrm{N}} = T_{\max} \times \beta_{\mathrm{m}} \times \cos\varphi \qquad (6-2)$$

式中：$\cos\varphi$ 为功率因数；β_{m} 为变压器年最大负载率。

3. 年最大负荷利用小时数的分析

通过各典型应用场景的负荷特性分析和不同投运时间段的 $T_{\max}$ 饱和值统计分析，$T_{\max}$ 与配变的投运年限存在一定关系，即当设备投运年限较短，$T_{\max}$ 较小；当设备投运年限变长，$T_{\max}$ 逐步增大；当设备投运年限达到一定阶段，$T_{\max}$ 趋于饱和并呈现上下波动趋势。结合 A 市各场景不同投运时间段的 $T_{\max}$ 调研值得出各典型应用场景年最大负荷利用小时数饱和值见表 6-7。

表 6-7　　　　　　　　各典型应用场景年最大负荷利用小时数饱和值

典型应用场景	年最大负荷利用小时数（h）		
	现状值	饱和特性	饱和值
居住小区	1630	因入住率的特性而 $T_{\max}$ 基本 10 年左右趋于饱和	1800～2200
行政办公区	1925	基本 3～5 年趋于饱和	2000～2300
一般性商业	2055	基本 6～10 年趋于饱和	2100～2600
一般性工业	2232	基本 3～5 年趋于饱和	2100～2400
中小企业	1778	基本 3～5 年趋于饱和	2000～2400
农村居民用电	1608	基本 5 年左右趋于饱和	1600～1800
煤改电村庄	1212	由于电气化供电特性明显，与居住小区类似，$T_{\max}$ 基本 10 年左右趋于饱和	1700～1900
分布式电源接入	2060	主要面向的用户为农村居民和业扩对象，$T_{\max}$ 基本 5 年趋于饱和	2000～2200

典型应用场景	年最大负荷利用小时数（h）		
	现状值	饱和特性	饱和值
机井灌溉	394	基本 5 年左右趋于饱和	500～700
电动汽车充换电站	174	T_{max} 预计 5 年左右趋于饱和	200～300
合计	1470	区域内连续 5 年年最大负荷增速小于 2%或年电量增速小于 1%，受经济社会发展水平、区域负荷特性影响较大	1700～1900
城网	1692	城网主要是居住小区、工商政企类和电动汽车类	1900～2200
农网	1411	农网主要是农村居民用电、煤改电村庄、机井灌溉和分布式电源接入类	1600～1800

由公式（6-2）可知，只要得到 T_{max} 和年最大负载率 β_m 即可得到单位配电变压器容量年供电量 W_s。其中 T_{max} 已通过饱和特性研究得出结论，则只需研究得到最佳运行时的年最大负载率 β_m 的合理取值即可。

二、最佳经济运行时最优值测算

1. 配电变压器最佳运行时的经济负载率分析

变压器运行效率达到最大值的条件为变压器空载损耗与负载损耗相等，即

$$P_0 = P_K \tag{6-3}$$

式中：P_0 为变压器的空载损耗（即铁损耗），kW；P_K 为变压器的负载损耗（即铜损耗），kW。

由于 $P_K = \beta^2 P_{KN}$，则变压器运行效率达到最大值时，有

$$P_0 = \beta_{jz}^2 P_{KN} \tag{6-4}$$

式中：P_{KN} 为变压器额定电流时的负载损耗，kW。

公式转换得到变压器最佳运行效率时经济负载率的函数关系为

$$\beta_{jz} = \sqrt{\frac{P_0}{P_{KN}}} \tag{6-5}$$

根据《电力变压器经济运行》（GB/T 13462—2008），变压器在 75%负载运行时为最佳经济运行区间上限，与上限综合功率损耗率相等的另一点为最佳经济运行区下限。最佳经济运行区上限负载系数为 0.75，最佳经济运行区下限负载系数为 $1.33\beta_{jz}^2$，变压器综合功率运行区间划分如图 6-10 所示。

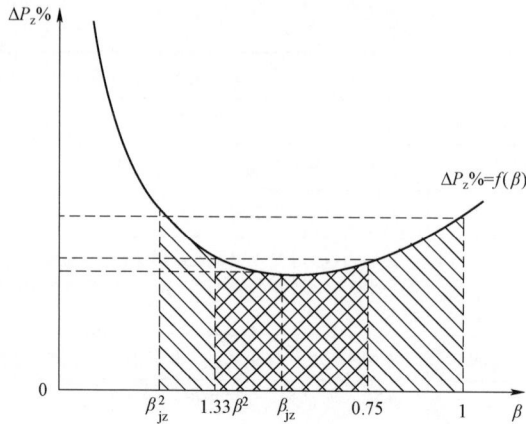

图 6-10 变压器综合功率运行区间划分图

注：$\Delta P_z\% = f(\beta)$ 为变压器综合功率损耗率与平均负载系数 β 的函数特性曲线。变压器综合功率运行区间的范围划分为，经济运行区为 $\beta_{jz}^2 \leqslant \beta \leqslant 1$，最佳经济运行区为 $1.38\beta_{jz}^2 \leqslant \beta \leqslant 0.75$，非经济运行区 $0 \leqslant \beta \leqslant \beta_{jz}^2$。

根据规范和公式（6-5），分别给出不同型号压器最佳经济运行时的负载率区间（$1.33\beta^2 \sim 75\%$）和最优值的计算结果，不同型号变压器的最佳经济负载率理论值见表 6-8。

表 6-8　　　　　　　　　不同型号变压器的最佳经济负载率理论值

额定容量（kVA）	S9 系列					S11 系列				
	损耗（W）		最佳运行负载区间			损耗（W）		最佳运行负载区间		
	空载 P_0	额定负载 P_{KN}	下限	最优值	上限	空载 P_0	额定负载 P_{KN}	下限	最优值	上限
30	130	600	28.82	46.55	75	100	600	22.17	40.82	75
50	170	870	25.99	44.20	75	130	870	19.87	38.66	75
63	200	1040	25.58	43.85	75	150	1040	19.18	37.98	75
80	250	1250	26.60	44.72	75	180	1250	19.15	37.95	75
100	290	1500	25.71	43.97	75	200	1500	17.73	36.51	75
125	340	1800	25.12	43.46	75	240	1800	17.73	36.51	75
160	400	2200	24.18	42.64	75	280	2200	16.93	35.68	75
200	480	2600	24.55	42.97	75	340	2600	17.39	36.16	75
250	560	3050	24.42	42.85	75	400	3050	17.44	36.21	75
315	670	3650	24.41	42.84	75	480	3650	17.49	36.26	75
400	800	4300	24.74	43.13	75	570	4300	17.63	36.41	75
500	960	5100	25.04	43.39	75	680	5100	17.73	36.51	75
630	1200	6200	25.74	43.99	75	810	6200	17.38	36.14	75

额定容量 (kVA)	S9 系列					S11 系列				
	损耗（W）		最佳运行负载区间			损耗（W）		最佳运行负载区间		
	空载 P_0	额定负载 P_{KN}	下限	最优值	上限	空载 P_0	额定负载 P_{KN}	下限	最优值	上限
800	1400	7500	24.83	43.20	75	980	7500	17.38	36.15	75
1000	1700	10 300	21.95	40.63	75	1150	10 300	14.85	33.41	75
1250	1950	12 000	21.61	40.31	75	1360	12 000	15.07	33.67	75
1600	2400	14 500	22.01	40.68	75	1640	14 500	15.04	33.63	75
2000	2900	17 500	22.04	40.71	75	2100	17 100	16.33	35.04	75

额定容量 (kVA)	S13 系列					S15 系列				
	损耗（W）		最佳运行负载区间			损耗（W）		最佳运行负载区间		
	空载 P_0	额定负载 P_{KN}	下限	最优值	上限	空载 P_0	额定负载 P_{KN}	下限	最优值	上限
30	65	600	14.41	32.91	75	33	600	7.32	23.45	75
50	85	870	12.99	31.26	75	43	870	6.57	22.23	75
63	100	1040	12.79	31.01	75	50	1040	6.39	21.93	75
80	125	1250	13.30	31.62	75	60	1250	6.38	21.91	75
100	145	1500	12.86	31.09	75	75	1500	6.65	22.36	75
125	170	1800	12.56	30.73	75	85	1800	6.28	21.73	75
160	200	2200	12.09	30.15	75	100	2200	6.05	21.32	75
200	240	2600	12.28	30.38	75	120	2600	6.14	21.48	75
250	280	3050	12.21	30.30	75	140	3050	6.10	21.42	75
315	335	3650	12.21	30.30	75	170	3650	6.19	21.58	75
400	400	4300	12.37	30.50	75	200	4300	6.19	21.57	75
500	480	5100	12.52	30.68	75	240	5100	6.26	21.69	75
630	600	6200	12.87	31.11	75	320	6200	6.86	22.72	75
800	700	7500	12.41	30.55	75	380	7500	6.74	22.51	75
1000	850	10 300	10.98	28.73	75	450	10 300	5.81	20.90	75
1250	975	12 000	10.81	28.50	75	530	12 000	5.87	21.02	75
1600	1200	14 500	11.01	28.77	75	630	14 500	5.78	20.84	75
2000	1550	18 300	11.27	29.10	75	750	17 400	5.73	20.76	75

注　不同厂家的变压器参数会有所不同。

　　结合不同型号压器最佳经济运行时的负载率最优值，以及 S9、S11、S13、S15 等型号配变的不同额定容量在各典型应用场景的分布情况，通过占比权数计算得出各典型应用场景和城农网口径下的 S9、S11、S13、S15 型号配电变压器的综合最佳运行负载率最优值见表 6－9。

表 6-9　　　各场景下 S9、S11、S13、S15 型号配电变压器的
综合最佳运行负载率最优值

典型应用场景	配变各型号的综合最佳运行负载率最优值（%）			
	S9	S11	S13	S15
居住小区	43.35	36.08	30.64	22.33
行政办公区	43.55	36.32	30.53	—
一般性商业	43.23	36.25	30.54	—
一般性工业	43.19	36.28	30.44	—
中小企业	42.61	36.11	30.80	—
农村居民用电	43.51	36.28	30.45	21.66
煤改电村庄	42.89	36.24	30.47	—
分布式电源接入	43.38	36.25	30.45	21.54
机井灌溉	43.22	36.51	30.74	22.07
电动汽车充换电站	—	36.14	30.84	—
合计	43.33	36.28	30.53	20.82
其中：城网	9.81	65.18	21.88	3.13
农网	3.52	69.39	24.86	2.23

注　采用变压器最佳经济运行时的负载率最优值计算得到。

结合各典型应用场景下不同型号配电变压器的分布情况，适当考虑高损型号或老旧配电变压器改造为 S13 或 S15 的情形，通过占比权数计算得出各典型应用场景和城农网口径下的综合最佳运行负载率最优值见表 6-10。

表 6-10　　各典型应用场景配电变压器的综合最佳运行负载率最优值

典型应用场景	配变各型号的台数占比分布（%）				应用场景的综合最佳运行负载率最优值（%）
	S9	S11	S13	S15	
居住小区	9.46	66.36	21.06	3.13	35.19
行政办公区	6.09	73.10	20.81	—	35.55
一般性商业	7.09	62.23	30.69	—	34.99
一般性工业	3.23	62.37	34.41	—	34.50
中小企业	8.85	63.28	27.87	—	35.21
农村居民用电	3.36	65.23	27.18	4.22	31.98

典型应用场景	配变各型号的台数占比分布（%）				应用场景的综合最佳运行负载率最优值（%）
	S9	S11	S13	S15	
煤改电村庄	1.66	37.97	57.47	2.90	34.32
分布式电源接入	2.50	67.42	24.87	5.21	34.22
机井灌溉	0.47	51.30	43.16	5.06	33.32
电动汽车充换电站	—	70.45	29.55	—	34.58
合计	4.27	61.97	31.71	2.05	34.44
其中：城网	43.30	36.14	30.60	22.49	35.20
农网	43.48	36.30	30.55	21.61	34.80

注　采用变压器最佳经济运行时的负载率最优值计算得到。

2. 配电变压器最佳运行时经济负载率与最大负载率的关联分析

由于变压器在运行中负载率是不断变化的，难以通过公式直接找出最佳运行负载与最大负载率的关系。下面通过计算输入、输出电能的方式来构建变压器运行效率的函数模型，从而分析出两者之间的函数关系。

变压器的输出电能 W_2 为

$$
\begin{aligned}
W_2 &= \sum_{i=1}^{n=8760} (\beta_i S_N \cos\varphi) t_i \\
&= \sum_{i=1}^{n=T_{max}} (\beta_{mi} S_N \cos\varphi) t_i \\
&= T_{max} \beta_m S_N \cos\varphi
\end{aligned}
\tag{6-6}
$$

式中：β_i 为第 i 时刻的变压器负载率；β_m 为变压器最大负载率。

变压器的输入电能 W_1 为

$$
\begin{aligned}
W_1 &= W_2 + \Delta W \\
&= \sum_{i=1}^{n=8760} (\beta_i S_N \cos\varphi) t_i + \sum_{i=1}^{n=8760} (P_0) t_i + \sum_{i=1}^{n=8760} (\beta_i^2 P_{KN}) t_i \\
&= \sum_{i=1}^{n=T_{max}} (\beta_{mi} S_N \cos\varphi) t_i + \sum_{i=1}^{n=8760} (P_0) t_i + \sum_{i=1}^{n=T_{max}} (\beta_{mi}^2 P_{KN}) t_i \\
&= T_{max} \beta_m S_N \cos\varphi + 8760 P_0 + T_{max} \beta_m^2 P_{KN}
\end{aligned}
\tag{6-7}
$$

式中：ΔW 为变压器的电能损耗，kWh。

变压器的运行效率为

$$\eta = \frac{W_2}{W_1} = \frac{T_{max}\beta_m S_N \cos\varphi}{T_{max}\beta_m S_N \cos\varphi + 8760P_0 + T_{max}\beta_m^2 P_{KN}} \qquad (6-8)$$

当变压器空载损耗与负载损耗相等时，变压器运行效率达到最大值，即

$$8760P_0 = T_{max}\beta_m^2 P_{KN} \qquad (6-9)$$

公式转换得到变压器最佳运行效率时最大负载率的函数关系为

$$\beta_m = \sqrt{\frac{8760P_0}{T_{max}P_{KN}}} = \sqrt{\frac{8760}{T_{max}}} \cdot \sqrt{\frac{P_0}{P_{KN}}} = \sqrt{\frac{8760}{T_{max}}} \cdot \beta_{jz} \qquad (6-10)$$

结合各典型应用场景配电变压器的最佳运行负载最优值和 T_{max} 饱和值范围，按公式（6-10）计算出变压器最佳运行效率时最大负载率的取值。各典型应用场景配电变压器在最佳运行时最大负载率最优上限见表6-11。

表6-11　　　　　　　　各典型应用场景配电变压器在最佳运行时
最大负载率最优上限

典型应用场景	最佳运行时经济负载率最优值（%）	T_{max} 饱和值范围		系数（β_m/β_{jz}）		最佳运行时最大负载率上限（%）	
		低值	高值	高值	低值	高值	低值
居住小区	35.19	1800	2200	2.21	2.00	77.63	70.22
行政办公区	35.55	2000	2100	2.09	2.04	74.41	72.61
一般性商业	34.99	2100	2600	2.04	1.84	71.47	64.23
一般性工业	34.50	2100	2400	2.04	1.91	70.46	65.91
中小企业	35.21	2000	2400	2.09	1.91	73.69	67.27
农村居民用电	31.98	1600	1800	2.34	2.21	74.84	70.56
煤改电村庄	34.32	1700	1900	2.27	2.15	77.91	73.69
分布式电源接入	34.22	2000	2200	2.09	2.00	71.62	68.28
机井灌溉	33.32	500	700	2.09	1.77	69.73	58.93
电动汽车充换电站	34.58	200	300	2.34	1.91	80..0	66.06
合计	34.44	1700	1900	2.15	2.04	74.17	70.16
其中：城网	35.20	1900	2200	2.09	1.94	73.67	68.46
农网	34.80	1600	1800	2.16	2.03	75.06	70.77

注　1. 变压器最佳运行效率是指变压器在某时间区间内的综合最佳效率。机井灌溉类、电动汽车充换电站类全年投运时间较短，计算系数时不应按8760h考虑。

　　2. 机井灌溉类属季节性负荷，非灌溉期配电变压器常常停运；计算系数（β_m/β_{jz}）时，按全年持续运行3~4个月计算。

　　3. 电动汽车充换电站类计算系数（β_m/β_{jz}）时按全年持续运行1~2个月计算。

3. 单位配电变压器容量年供电量的最优值计算

根据导则，100kVA 及以上的用户在高峰负荷时功率因数不宜低于 0.95，其他用户和大中型电力排灌站功率因数不宜低于 0.9，农业用电功率因数不宜低于 0.85。

结合各典型应用场景配电变压器的 T_{max} 饱和值范围、最佳运行效率时最大负载率上限均值，按照公式（6-2）计算出各典型应用场景在最佳经济运行下的单位配变容量年供电量的最优值，见表 6-12。

表 6-12　　　最佳经济运行下各场景的单位容量年供电量理论最优值

典型应用场景	最佳运行时最大负载率（%）		T_{max} 饱和值范围	功率因数 $\cos\varphi$	单位公变容量年供电量（kWh/kVA）	
	上限范围	上限均值			最优范围	最优均值
居住小区	70.22~77.63	73.93	1800~2200	0.95	1327~1468	1398
行政办公区	72.61~74.41	73.51	2000~2300	0.95	1414~1449	1431
一般性商业	64.23~71.47	67.85	2100~2600	0.95	1426~1587	1506
一般性工业	65.91~70.46	68.18	2100~2400	0.95	1406~1503	1454
中小企业	67.27~73.69	70.48	2000~2400	0.95	1400~1534	1467
农村居民用电	70.56~74.84	72.70	1600~1800	0.95	1138~1207	1172
煤改电村庄	73.69~77.91	75.80	1700~1900	0.95	1258~1330	1294
分布式电源接入	68.28~71.62	69.95	2000~2200	0.90	1289~1352	1321
机井灌溉	58.93~69.73	64.33	500~700	0.90	314~371	343
电动汽车充换电站	66.06~80	73.03	200~300	0.90	144~178	161
合计	70.16~74.17	72.17	1700~1900	0.93	1173~1240	1206
其中：城网	68.46~73.67	71.06	1900~2200	0.95	1364~1468	1380
农网	70.77~75.06	72.92	1600~1800	0.92	1105~1172	1138

三、最佳经济运行时下限值测算

1. 配电变压器最佳运行时的经济负载率下限值

结合表 6-8 中不同型号压器最佳经济运行时的负载率下限值，以及 S9、S11、S13、S15 等型号配电变压器的不同额定容量在各典型应用场景的分布情况，通过占比权数计算得出各典型应用场景和城农网口径下的 S9、S11、S13、

S15 变压器的综合最佳运行负载率下限值，见表 6-13。

表 6-13　　　各场景下 S9、S11、S13、S15 型号配电变压器的综合最佳运行负载率下限值

典型应用场景	配电变压器各型号的综合最佳运行负载率下限值（%）			
	S9	S11	S13	S15
居住小区	25.00	17.33	12.49	6.64
行政办公区	25.23	17.54	12.40	—
一般性商业	24.86	17.48	12.41	—
一般性工业	24.82	17.51	12.32	—
中小企业	24.17	17.35	12.62	—
农村居民用电	25.18	17.51	12.33	6.24
煤改电村庄	24.46	17.47	12.35	—
分布式电源接入	24.85	17.73	12.57	6.48
机井灌溉	25.03	17.48	12.33	6.17
电动汽车充换电站	—	17.38	12.66	—
合计	25.02	17.50	12.40	6.04
其中：城网	9.81	65.18	21.88	3.13
农网	3.52	69.39	24.86	2.23

注　采用变压器最佳经济运行时的负载率下限值计算得到。

结合各典型应用场景下不同型号配电变压器的分布情况，适当考虑高损型号或老旧配电变压器改造为 S13 或 S15 的情形，通过占比权数计算得出各典型应用场景和城农网口径下的综合最佳运行负载率下限值，见表 6-14。

表 6-14　　各典型应用场景配电变压器的综合最佳运行负载率下限值

典型应用场景	配电变压器各型号的台数占比分布（%）				应用场景的综合最佳运行负载率下限值（%）
	S9	S11	S13	S15	
居住小区	9.46	66.36	21.06	3.13	16.70
行政办公区	6.09	73.10	20.81	—	16.94
一般性商业	7.09	62.23	30.69	—	16.45
一般性工业	3.23	62.37	34.41	—	15.96
中小企业	8.85	63.28	27.87	—	16.64
农村居民用电	3.36	65.23	27.18	4.22	14.14

典型应用场景	配电变压器各型号的台数占比分布（%）				应用场景的综合最佳运行负载率下限值（%）
	S9	S11	S13	S15	
煤改电村庄	1.66	37.97	57.47	2.90	15.88
分布式电源接入	2.50	67.42	24.87	5.21	16.04
机井灌溉	0.47	51.30	43.16	5.06	14.72
电动汽车充换电站	—	70.45	29.55	—	15.98
合计	4.27	61.97	31.71	2.05	15.97
其中：城网	24.94	17.38	12.46	6.73	16.71
农网	25.15	17.52	12.42	6.21	16.27

注　采用变压器最佳经济运行时的负载率下限值计算得到。

2. 配变最佳运行时的最大负载率下限值

结合各典型应用场景配变的最佳运行负载下限值和 T_{max} 饱和值范围，按公式（6–10）计算出变压器最佳运行效率时最大负载率的取值。各典型应用场景配电变压器在最佳运行时的最大负载率下限值，见表6–15。

表6–15　各典型应用场景配电变压器在最佳运行时的最大负载率下限值

典型应用场景	最佳运行时经济负载率下限值（%）	T_{max} 饱和值范围		系数（β_m/β_{jz}）		最佳运行时最大负载率下限（%）	
		低值	高值	高值	低值	高值	低值
居住小区	16.70	1800	2200	2.21	2.00	36.84	33.33
行政办公区	16.94	2000	2100	2.09	2.04	35.45	34.60
一般性商业	16.45	2100	2600	2.04	1.84	33.59	30.19
一般性工业	15.96	2100	2400	2.04	1.91	32.60	30.50
中小企业	16.64	2000	2400	2.09	1.91	34.82	31.78
农村居民用电	14.14	1600	1800	2.34	2.21	33.08	31.19
煤改电村庄	15.88	1700	1900	2.27	2.15	36.05	34.10
分布式电源接入	16.04	2000	2200	2.09	2.00	33.56	32.00
机井灌溉	14.72	500	700	2.09	1.77	30.81	26.04
电动汽车充换电站	15.98	200	300	2.34	1.91	37.40	30.53
合计	15.97	1700	1900	2.15	2.04	34.39	32.53
其中：城网	16.71	1850	2250	2.12	1.92	35.45	32.14
农网	16.27	1500	1700	2.23	2.09	36.25	34.05

注　算法同表6–11。

3. 单位配变容量年供电量的下限值计算

根据导则，100kVA 及以上的用户在高峰负荷时功率因数不宜低于 0.95，其他用户和大中型电力排灌站功率因数不宜低于 0.9，农业用电功率因数不宜低于 0.85。

结合各典型应用场景配电变压器的 T_{max} 饱和值范围、最佳运行效率时最大负载率下限均值，按照公式（6-2）计算出各典型应用场景在最佳运行下的单位配电变压器容量年供电量的理论下限值，见表 6-16。

表 6-16　　　　最佳经济运行下各场景的单位容量年供电量理论下限值

典型应用场景	最佳运行时 最大负载率（%）		T_{max} 饱和值 范围	功率因数 $\cos\varphi$	单位配变容量年供电量 （kWh/kVA）	
	下限范围	下限均值			下限范围	下限均值
居住小区	33.33～36.84	35.09	1800～2200	0.95	630～697	663
行政办公区	34.6～35.45	35.03	2000～2300	0.95	674～690	682
一般性商业	30.19～33.59	31.89	2100～2600	0.95	670～746	708
一般性工业	30.5～32.6	31.55	2100～2400	0.95	650～695	673
中小企业	31.78～34.82	33.30	2000～2400	0.95	662～725	693
农村居民用电	31.19～33.08	32.13	1600～1800	0.95	503～533	518
煤改电村庄	34.10～36.05	35.08	1700～1900	0.95	582～616	599
分布式电源接入	32.00～33.56	32.78	2000～2200	0.90	604～634	619
机井灌溉	26.04～30.81	28.42	500～700	0.90	139～164	151
电动汽车充换电站	30.53～37.40	33.97	200～300	0.90	67～82	75
合计	32.53～34.39	33.46	1700～1900	0.93	544～575	559
其中：城网	32.14～35.45	33.79	1850～2250	0.95	625～687	655
农网	34.05～36.25	35.15	1500～1700	0.92	500～533	516

四、最优效率效益结论

首先，通过分析各典型应用场景的负荷特性和不同投运时间段的 T_{max} 特性，研究得到全市年 T_{max} 饱和值范围为 1700～1900h。

其次，通过分析计算得出 S9、S11、S13、S15 等不同型号变压器及不同场景的最佳运行效率下的经济负载率最优值（32～36% 之间，全市为 34.4%）和下限值（14～17% 之间，全市为 16%）；研究各典型应用场景下综合最佳运行负载率和最大负载率的函数关系，计算得到各场景最佳运行效率下最大负载率最优值（70%～74%之间，全市为 72%）和下限值（31%～35%之间，全市为 33.4%）。

最后，综合 T_{max} 饱和值和变压器在最佳运行效率时最大负载率取值等条件计算得出：全市单位配变容量年供电量最优值和下限值分别为 1206kWh/kVA、559kWh/kVA。

城农网口径和不同场景下差异化指标，即最佳经济运行下各场景的效率效益指标理论最优值和下限值见表 6-17。

表 6-17　　最佳经济运行下各场景的效率效益指标理论最优值和下限值

典型应用场景	最佳运行时经济负载率（%）		最佳运行时最大负载率（%）		T_{max} 饱和值范围	单位配变容量年供电量（kWh/kVA）	
	下限值	最优值	下限均值	最优均值		下限均值	最优均值
居住小区	16.70	35.19	35.09	73.93	1800～2200	663	1398
行政办公区	16.94	35.55	35.03	73.51	2000～2300	682	1431
一般性商业	16.45	34.99	31.89	67.85	2100～2600	708	1506
一般性工业	15.96	34.50	31.55	68.18	2100～2400	673	1454
中小企业	16.64	35.21	33.30	70.48	2000～2400	693	1467
农村居民用电	14.14	31.98	32.13	72.70	1600～1800	518	1172
煤改电村庄	15.88	34.32	35.08	75.80	1700～1900	599	1294
分布式电源接入	16.04	34.22	32.78	69.95	2000～2200	619	1321
机井灌溉	14.72	33.32	28.42	64.33	500～700	151	343
电动汽车充换电站	15.98	34.58	33.97	73.03	200～300	75	161
合计	15.97	34.44	33.46	72.17	1700～1900	559	1206
其中：城网	16.71	35.20	33.79	71.06	1900～2200	655	1380
农网	16.27	34.80	35.15	72.92	1600～1800	516	1138

第五节　配电变压器运行效率效益提升策略

一、不同典型应用场景配电变压器效益指标目标测算

1. 效益指标阶段目标设定

结合各场景变压器在最佳经济运行下的效率效益指标最优值和下限值研究

结论，将单位配电变压器容量年供电量划分为四个阶段目标，为后续规划提供阶段目标指引。不同典型应用场景的效益指标阶段目标设定见表6-18，其中：

第一阶段为效益目标基础阶段，目前A市居住小区、中小企业、煤改电村庄、机井灌溉、电动汽车充换电站等五类场景尚未实现效益基础阶段目标。

第二阶段为效益目标提升阶段，其中配电变压器运行在10年以上的居住小区和农村居民用电、行政和商业、分布式电源接入等场景已实现或接近提升阶段目标。

第三阶段均为效益目标优化阶段。

第四阶段为理论效益最优值，为远期目标。

表6-18　　　　　　　不同典型应用场景的效益指标阶段目标设定

典型应用场景	单位配电变压器容量年供电量（kWh/kVA）							效益指标所处阶段
	现状值			最优区间				
	合计	6～10年	10年以上	下限值	中间值1	中间值2	最优值	
				基础阶段	提升阶段	优化阶段	远期目标	
居住小区	426	613	853	663	908	1153	1398	阶段1
行政办公区	684	816	848	682	932	1181	1431	阶段2
一般性商业	740	949	1148	708	974	1240	1506	阶段2
一般性工业	748	751	769	673	933	1194	1454	阶段2
中小企业	643	842	801	693	951	1209	1467	阶段1
农村居民用电	597	719	702	518	736	954	1172	阶段2
煤改电村庄	315	783	849	599	831	1062	1294	阶段1
分布式电源接入	679	767	805	619	853	1087	1321	阶段2
机井灌溉	115	262	428	151	215	279	343	阶段1
电动汽车充换电站	33	19	—	75	104	132	161	阶段1
合计	491	693	788	559	775	991	1206	阶段1
其中：城网	471	653	879	655	897	1139	1380	阶段1
农网	504	717	711	516	724	931	1138	阶段1

2."十四五"期间的发展目标测算

结合配电变压器效益现状情况及上述阶段目标划分，设定"十四五"期间各场景配电变压器的效益发展目标（见表6-19）；通过配电变压器年供电量的增长率和单位容量年供电量的增长率，约束配电变压器容量增长速度，并根据实际情况，确定配电变压器新建规模。

表6-19 "十四五"期间各场景配电变压器的效益目标设定

典型应用场景	单位配电变压器容量年供电量（kWh/kVA）			
	现状值	"十四五"目标		
		目标值	目标阶段	年均增长率（%）
居住小区	426	663	基础阶段	9.27
行政办公区	684	932	提升阶段	6.39
一般性商业	740	974	提升阶段	5.64
一般性工业	748	933	提升阶段	4.52
中小企业	643	951	提升阶段	8.13
农村居民用电	597	736	提升阶段	4.26
煤改电村庄	315	599	基础阶段	13.70
分布式电源接入	679	853	提升阶段	4.65
机井灌溉	115	151	基础阶段	5.66
电动汽车充换电站	33	104	提升阶段	26.06
合计	491	700	基础阶段$<W_s<$提升阶段	7.35
城网	471	655	基础阶段	6.83
农网	504	724	提升阶段	7.50

二、效率效益提升策略

（一）配变效率效益提升整体策略

结合各典型应用场景的不同负荷特性、发展阶段、国家电网的投资实施背景，针对配变效率效益薄弱点，分别从规划及运维角度给出了配变效率效益提升的几点策略。

1. 规划目标引领，优化增量建设

（1）以效益增长为核心点，将效益阶段目标等研究结论纳入规划建设标准，配电变压器规划新建规模应通过效率效益目标进行宏观调控，避免建设标准过高。

（2）新增配电变压器时农村区域应综合考虑近期2～3年内的分布式电源接入

影响，户均配电变压器容量可按一流配电网建设标准的80%～100%进行选取，优化增量建设。

（3）各场景应选择合适的配电变压器容量选型和布点原则，其中农网区域可采用"小容量、密布点、短半径"的布点原则，城网区域可采用"高密度、大容量，低密度、小容量"的布点原则。

2. 用好存量设备，激发效率效益

结合四个阶段效益目标，将尚未实现效益基础目标的配电变压器设为效益薄弱设备，并结合实际提出针对性的优化措施，如：

（1）针对利用效率较低的存量配变解决重过负荷问题，如与邻近重过负荷变压器负荷调整、变压器轮换等。

（2）对效率效益较低的设备寻求新的负荷和电量增长点，力求"一变多用"，如居住小区、行政和商业楼宇可考虑新增充电桩用电负荷的接入，机井配电变压器可考虑农副产品加工、农业大棚用电等新增农业负荷的接入；另外居住小区的轻载配电变压器还可考虑周边商业街、小用户的接入。

（3）工商政企类可适当提高用户接入的可开放容量等，以提升现有公变设备的利用率和效益增长点。

3. 间隔资源整合，降低设备损耗

（1）对于长期轻低载且负荷发展潜力小的村庄、社区等，可对台区进行合并，空余的变压器可轮换使用。

（2）因入住率尚未提升而轻低载的小区配电室，可通过增设变压器间的低压联络线路，适当投切部分配变，采用变压器"$N-1$"的运行方式来降低设备损耗。

4. 差异化确定配电变压器容量选型及布点原则

农网区域宜采用"小容量、密布点、短半径"的布点原则，单台配变容量不宜超过400kVA，其中农村居民用电、分布式电源接入、煤改电村庄等场景优先选用200kVA，当接入负荷规模较大确有必要时选取400kVA；机井灌溉变压器容量宜选取100、200kVA。城网区域宜采用"高密度、大容量，低密度、小容量"的布点原则，单台配电变压器容量不宜超过1000kVA，其中居住小区应根据远期负荷密度大小分别选用630、800kVA或1000kVA，且新建居住小区一般按照居民配套标准建设，由用户投资并按远期负荷规模一次选定建成；工商政企类场景在负荷密度低的区域变压器选取200kVA、负荷密度低的区域变压器选取 400kVA。

（二）典型应用场景效率效益提升策略

1. 居住小区场景

居住小区场景现状年单位配变容量年供电量为 426kWh/kVA，处于效益目标基础阶段，"十四五"期间目标为 663kWh/kVA。效率效益提升措施如下：

（1）新建小区一般按照居民配套标准建设，建设标准较高且由用户投资，该类情况的规划新建暂无需考虑。

（2）建成小区的设备负载率较低，可根据实际情况采取不同的效益提升措施：① 对于远期负荷密度大但近期负载率低的小区，可通过增设变压器间的低压联络线路，适当投切部分配变，采用"$N-1$"的方式来减少变压器的运行损耗；对于长期轻低负载的小区配电室，可对台区进行合并，空余的变压器可轮换使用。② 若小区配变轻重载并存，应优先通过运维手段、或与邻近变压器负荷调整解决。

（3）在具备装设电动汽车充电桩设施条件的居民小区，可考虑新增充电桩用电负荷的接入，或在后续新建楼盘统一规划建设时预留充电桩设施，并由小区配变进行供电。居民小区配置充电桩设施，既符合人们对电动汽车的夜间充电规律，也提高了居住小区配变的利用效率和效益。

2. 工商企政场景

行政办公区、一般性商业、一般性工业和中小企业四类场景的现状年单位配变容量年供电量分别为 684、740、748、643kWh/kVA，已实现或接近效益基础目标，"十四五"期间目标分别为 932、974、933、951kWh/kVA。效率效益提升措施如下：

（1）可考虑提升工商政企类用户接入的可开放容量；新增变压器容量不宜过大或过小，可选取 200、400kVA。

（2）对于具备条件的行政办公区、商业和企业楼宇等配变，可考虑新增充电桩用电负荷的接入，提高配变的设备利用率。

3. 电动汽车充换电站场景

目前 A 市电动汽车充换电站主要分布在客运站、公交站、高速公路服务站、停车场内等固定场景，充电场景存在受限。现状年单位配电变压器容量年供电量为 33kWh/kVA，处于效益目标基础阶段。随着电能替代的持续发展，燃油车的逐步禁售，电动汽车的发展将会有较大前景，电动汽车充电负荷也将会有较大发展，"十四五"期间目标为 104 kWh/kVA。效率效益提升的措施为：建议扩展更利于人们对电动汽车进行充电的场景，如规划建设居住小区、行政和商业楼宇时，在停车场同期预留或配置充电桩，便于用户对电动汽车进行充电。

4. 机井灌溉、煤改电村庄场景

机井灌溉、煤改电是我国网公司履行社会职责，改善民生，为农业、农村发展提供优质电力保障供应的体现。其中，两场景的现状年单位配电变压器容量年供电量分别为 115、315kWh/kVA，处于效益目标基础阶段，"十四五"期间目标分别为 151、599kWh/kVA。效率效益提升措施如下：

（1）机井灌溉场景属于季节性负荷，负荷大小既与农业灌溉和农业生产活动息息相关，又与干旱、雨季等气候相关，季节性突增负荷难以消除，应优先考虑安全性的基础上，再考虑效率效益提升。其中：① 多年轻低载运行的机井配变，可考虑农副产品加工、农业大棚用电等新增农业负荷的接入，提升现有设备的利用效率；② 新增机井配变时，变压器容量宜选取 100kVA、200kVA，对于高容量配置慎重选取。

（2）煤改电村庄由于电气化水平较高、冬季电气供暖集中，负荷发展潜力较大，近期配变效率效益较低是由于配变投运时间短，负荷尚未发展起来，若发展成熟应与居民小区相接近。因此：① 配变短期内轻载无需进行改造、轮换；② 在新增煤改电村庄时，应当进行充分的论证确定容量规模需求，优化批次建设方案，变压器容量宜选取 200、400kVA，待负荷发展起来再扩增布点。

5. 农村居民用电和分布式电源接入场景

农村居民用电和分布式电源接入场景现状年单位配变容量年供电量为597、679kWh/kVA，已实现效益目标基础阶段，"十四五"期间目标分别为 736、853kWh/kVA。效率效益提升措施如下：

（1）现状两场景的户均配电变压器容量分别为 2.26kVA/户和 1.96kVA/户，配变整体供电能力充裕，后续规划中宜控制配变新建规模。

（2）对于现有配电变压器设备合理利用，解决好轻重载配变问题。

1）从村庄的整体供电情况考虑，若村庄配电变压器轻重载并存，应优先通过运维手段或与邻近变压器负荷调整解决。

2）若村庄配电变压器整体长期轻载或低负载，可对台区进行合并，关停空余的变压器可轮换使用。

3）若村庄配电变压器整体长期负载较高且有配电变压器重载运行，可优先通过将其他台区的轻空载变压器轮换到该村庄的方法，合理控制配电变压器新建规模，提升现有设备的利用效率。

（3）在农村区域确需新增配电变压器时：① 变压器容量不宜一次选取较大型号，优先选取 200kVA，待负荷发展起来再扩增布点；② 应综合考虑近期 2～3 年内的分布式电源接入影响，测算合理的公用配电变压器容量规模，选择适宜的户均配变容量。经统计，分布式电源接入场景中分布式电源上网电量占公用配电变压器总供电量的 14%，结合分布式电源的发展趋势，分布式电源上网电量占比将达到 15%～20%，户均配变容量可按一流配电网建设标准的 80%～100%进行选取，优化增量建设，提升公用配电变压器的设备利用率。

思考题

1. 阐述配电变压器运行的典型应用场景及各场景负荷特性。

2. 结合各场景配电变压器最优效率效益阶段性目标研究结论，分析本单位不同场景设备现状指标所处阶段。

3. 应用各场景配电变压器效率效益提升策略，制定本单位设备效率效益提升实施方案。

第七章　配电网规划投资分配优化策略

【本章重点】经济发展"新常态"和电力体制改革新形势下，精准投资策略对于电网高质量发展要求愈加重要，如何合理分配并利用有限资金成为供电企业各级决策和管理人员非常关注的问题。本章重点介绍配电网投资规模的影响因素，分地区、分电压等级介绍配电网规划投资规模的确定方法及项目优选排序方法，为相关从业人员开展配电网投资策略研究等相关工作提供指导。

第一节　投资规模影响因素

一、宏观环境

电网投资影响因素众多，不同时期起主导作用的因素也不相同，当前宏观环境影响因素主要包括行业环境、技术环境、经济环境和社会文化环境。

1. 行业环境

行业环境包括行业的政策管制、价格管制、业务经营牌照管理办法等，这些因素往往决定了企业投资是否符合国家法律法规要求，是否符合政府管理规定，也即决定了投资的合法性和合规性。

2. 技术环境

技术环境是指相关专业技术领域的变化对企业投资的影响因素，具体表现在全球或国家的技术走势、替代产品的出现或组织方式的变革突破等，对企业产生着全方位的影响。

3. 经济环境

首先社会经济结构影响着电力需求，社会产业部门的构成不同，对售电量增长的贡献大小也不同。其次经济发展水平与社会用电量密切相关，一般来说经济发展速度越快，社会用电量增长率越高。此外地区经济发展方向、产业结构发展又受宏观调控和政策影响，电力作为促进经济发展的重要资源，也应注重宏观环境的影响，科学安排投资。

4. 社会文化环境

社会文化环境是指企业所处的社会结构、风俗习惯、价值观念、行为规范、生活方式、文化传统、人口规模与地理分布等因素的形成和变动。人口越多、生活电气化水平越高，电量需求越大，配电网规划投资规模也应越大。

二、微观环境

微观环境是指企业与企业产、供、销、人、财、物、信息、时间等直接发生关系的客观环境。对于电网企业而言，其中主要包括战略决策、电网现状、市场需求、外部竞争和企业管理水平等。

1. 战略决策

战略决策决定了企业未来的发展目标和发展方向，对企业投资具有指导作用，企业投资的制定和实施必须服务于企业战略。

2. 电网现状

投资通过维持现有生产能力和扩大生产能力满足市场需求。现状电网体量反映维持现有生产能力的需求。一般来说，电网资产规模越大，使用中的自然损耗和其他损耗的规模越大。所需维持原有生产能力的资金越多，合理投资需求越大。

3. 市场需求

电网投资通过满足市场用电需求而获利，一方面投资应满足社会用电需求，另一方面对于投资收益较低的用电需求如何取舍与企业战略有关。

4. 外部竞争

电网企业经营环境的重要变化之一就是外部资源竞争日益加剧，包括同行竞争和不同行业竞争，如增量市场和各种能源对电力的替代作用等。

5. 企业管理水平

企业管理水平决定了企业把技术转为生产力以及优化资源配置的能力。企业资产状况一定的情况下，管理水平越高，则资产利用率和产出水平越高，投资回报率越高。

第二节　分地区配电网规划投资规模确定

一、投资规模确定的基本原则

1. 配电网规划投资需满足合理建设需求

电网建设的根本目的是满足居民社会日益增长的用电需求，也在一定程度上起着促进和引导社会经济发展的作用。应合理分析用电需求，从而确定出有利于社会经济可持续发展的电网建设需求。

2. 配电网规划投资需服从企业发展战略

配电网投资方向和结果决定了企业资产状况，进而影响着业务结构、经营成果和资金状况。要实现企业发展战略的有效落地，必须把握好电网规划投资的方向和力度，使其服从于企业发展战略要求。

3. 配电网规划投资应注重投资效益

配电网投资应对管理水平较高、投资效益较好的地区适当予以倾斜，提高资源的利用效率及效果。

4. 配电网规划投资应在企业财务承受能力之内

投资主体所确定的投资规模受限于其最大投资能力。各市级配电网投资规模之和应小于或等于省级配电网的最大投资能力。

二、地区配电网投资规模确定的主要方法

规划投资规模确定的主要方法是按照地区电网总体发展状况分配投资。通过分析影响地区投资规模确定的相关因素，将其归为三大类，分别为市场类、安全类、政策类，选取相关指标并差异化设置权重。

1. 指标选取

基于指标应具有代表性、针对性和可操作性的基本原则，从市场类、安全类、政策类三个维度选取以下五方面七个指标进行地区配电网投资规模确定。

（1）市场类——盈利能力与电网规模。盈利能力与电网规模反映电网现状规模体量的需求。投资分配与电网盈利能力正相关，原则上盈利能力越好，电网规模越大，电网投资越高，更能促进电网良性发展。反映盈利能力与电网规模的指标较多，主要选择售电量和供电人口两个指标。

售电量比重是指各市公司年度售电量占省公司售电量的比重,比重越大反映用电需求越大,则所需投资规模越大。

供电人口比重是指各市公司供电人口数占省公司供电人口数的比重,比重越大,则所需的供电资源越多,投资越多。

(2)市场类——电网发展水平。电网发展水平反映未来电网需求。投资分配与电网发展水平正相关,原则上电力需求预测越大,电网新增投资越高。市场需求从两方面体现,一是发展规模绝对增量,二是发展规模相对增量,因此选取电量增加值和供电能力需求两个指标。

电量增加值比重是指各市公司预测的规划期内新增电量占省公司新增电量的比重。新增电量比重越高,所需电网投资越多。

供电能力需求比重是指各市公司水平年供电能力需求占省公司总供电能力需求的比重。其中,供电能力需求=水平年网供负荷-现状供电容量/容载比下限。

(3)市场类——宏观环境。企业的宏观影响因素很多,与地区配电网投资最为密切相关的主要是 GDP 和供电面积。

GDP 比重是指各地区生产总值 GDP 占全省 GDP 的比重。社会用电量与国内生产总值密切相关。

供电面积比重是指各地区供电面积占省公司供电面积的比重。供电面积比重越大的地区意味着供电线路越长,在一定程度上也使电网投资规模增加。

(4)安全类——电网现状水平。电网现状水平反映电网当前状态,主要指现存薄弱环节。电网现状水平与投资分配负相关,原则上电网指标越好,电网投资越少。电网指标采取逐个问题量化方式,估算地区电网最基本的投资需求。在可分配投资固定的基础上按地市投资占全省比重方式分配。

(5)政策类——政策导向。政策导向类投资体现供电公司的社会责任和省公司的宏观政策导向,资金来源及规模不固定,因此按实际下达资金计算。配电网规划投资规模影响因素与指标见表 7-1。

表 7-1　　　　　　　　　配电网规划投资规模影响因素与指标

一级分类	二级分类	指标
市场类	盈利能力与电网规模	售电量比重
		供电人口比重

续表

一级分类	二级分类	指标
市场类	电网发展水平	电量增加值比重
		供电能力需求比重
	宏观环境	GDP 比重
		供电面积比重
安全类	电网现状水平	量化投资比重
政策类	—	

2. 差异化权重设置原则

（1）指标权重的确定。采取主观与客观相结合的方法确定指标权重，即采用德尔菲法综合各单位及部门决策层意见，并将经验进行量化从而确定最终权重。采用这种方法来确定初步分配的权重，可充分考虑决策层观点，简单易行。

指标权重一般范围及推荐值见表 7-2。

表 7-2　　　　　　　配电网规划投资分配指标权重范围及推荐值

一级分类	二级分类	二级权重	推荐值	指标	指标权重	推荐值	综合权重	推荐综合权重
市场类	盈利能力与电网规模	40%～60%	60%	售电量比重	40%～60%	50%	24%～36%	24%
				供电人口比重	40%～60%	50%	24%～36%	24%
	电网发展水平	15%～25%	20%	电量增加值比重	40%～60%	50%	6%～15%	8%
				供电能力需求比重	40%～60%	50%	6%～15%	8%
	宏观环境	15%～25%	20%	GDP 比重	70%～90%	80%	1.5%～3.75%	12.8%
				供电面积比重	10%～30%	20%	1.5%～3.75%	3.2%
安全类	电网薄弱环节	100%	100%	量化投资比例	100%	100%	15%～25%	20%
政策类	政策导向	—	—	政策导向	—	—	—	—

其中市场类与安全类权重比例受决策影响较大，宜综合考虑两者历史分配比例作为选取趋势参考值，再结合全省负荷增速与实际现存薄弱环节规模对该权重比例进行调整。

（2）差异化分配比例设置。由于各地区发展重点不同，电网投资分配指标能够体现分项的绝对比重但无法严格决定投资比例。因此采取弹性机制设置三级梯度，按梯度设置比例范围，地区分配比例可在该比例范围内适当调整。具体操作分为以下三步：

第一步：指标全省排名，设置前五名、后五名与中间七名三级梯度；

第二步：每个梯度的分配比例范围等于此梯度内排名首末的比例上下浮动10%；

第三步：复归 100%，将各地市比例之和归为 100%。

3. 各地区配电网投资分配指标体系

投资分配模型包含目标层、准则层、指标层三个层次：

目标层：投资分配指标；

准则层：分为 3 个维度即市场类、安全类、政策类；

指标层：影响投资规模的基本指标。

各地区配电网规划投资分配指标体系如图 7−1 所示。

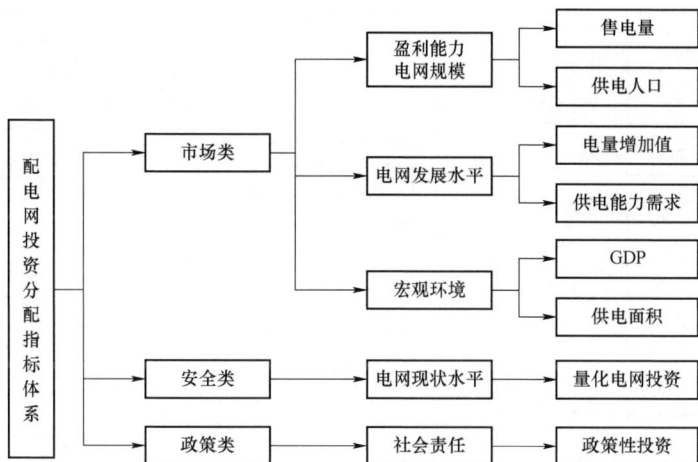

图 7−1　各地区配电网规划投资分配指标体系

规模计算：

各地区投资规模比重＝市场类投资权重×［盈利能力与电网规模权重×（售电量比重×售电量比重权重＋供电人口比重×供电人口比重权重）＋电网发展水平权重×（电量增加值比重×电量增加值权重＋供电能力需求比重×供电能力需求权重）＋宏观环境权重×（GDP 比重×GPD 比重权重＋供电面积比重×供电面积比重权重）］＋安全类投资权重×电网现状水平量化投资比重

第三节　分电压等级配电网规划投资规模确定

一、按电压等级规模确定的原则

1. 安全类投资量化原则

电网安全类投资按照电压等级和问题等级罗列，分别量化估算。配电网现状水平投资估算量化模型如图 7-2 所示。

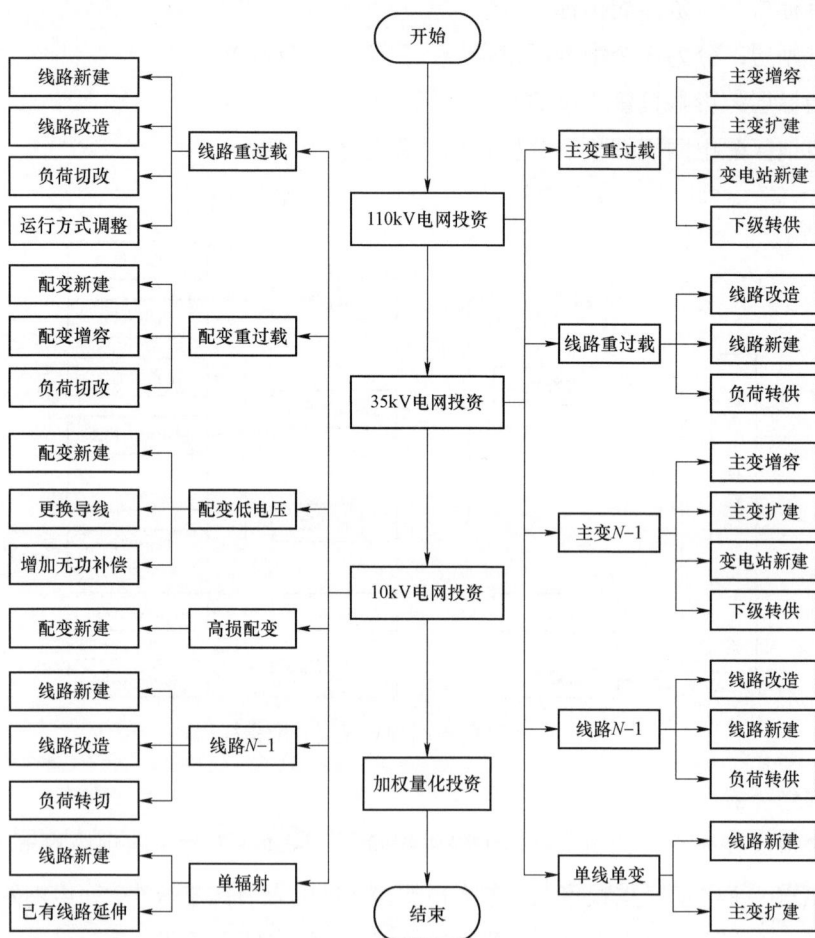

图 7-2　配电网现状水平投资估算量化模型

各电压等级安全类投资量化指标表见表 7-3。

表 7−3   各电压等级安全类投资量化指标表

指标（MVA、km、%）		A+	A	B	C	D
110（35）kV	容载比					
	主变压器台数					
	主变压器容量					
	线路回数					
	线路总长度					
	重过载主变压器数					
	重过载线路数					
	线路最大负载率平均值					
	主变不满足"$N-1$"台数					
	线路不满足"$N-1$"回数					
	单线变电站数					
	单变变电站数					
10kV	线路回数					
	线路总长度					
	架空线路总长度					
	电缆线路总长度					
	主干线总长度					
	配电变压器总台数					
	配电变压器总容量					
	低压线路长度					
	线路最大负载率平均值					
	配变最大负载率平均值					
	重过载线路数					
	重过载配变数					
	低电压台区数					
	10kV 线路平均供电半径					
	0.4kV 线路平均供电半径					
	高损老旧配电变压器数					
	高损老旧开关数					
	不满足"$N-1$"线路数					
	单辐射线路数					

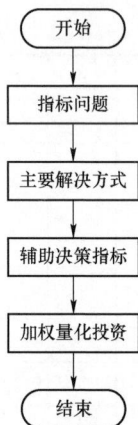

图 7-3 配电网投资估算模型

根据不同问题考虑全部解决方式的可能性，每种解决方式对应不同投资估算结果。引入辅助指标决策各种解决方式的实际应用情况，根据不同方式的比例计算解决该问题的投资估算。配电网投资估算模型如图 7-3 所示。

（1）110（35）kV 主变压器重载、过载。

1）主要指标：110（35）kV 重过载主变压器。

2）辅助指标：110（35）kV 容载比。

主要解决方式：

1）主变压器增容，单台主变压器固定单价×原主变压器折旧系数。

2）主变压器扩建，变电站扩建固定单价。

3）变电站新建，变电站新建固定单价。

4）下级转供，在 10kV 投资中考虑。

110（35）kV 主变重载、过载投资方式比例见表 7-4。

表 7-4　110（35）kV 主变重载、过载投资方式比例

容载比	1～1.6	1.6～2.0	2.0～3.3	>3.3
主变压器增容	10%	20%	30%	10%
主变压器扩建	10%	20%	30%	10%
变电站新建	80%	50%	20%	
下级转供		10%	20%	80%

（2）110（35）kV 线路重载、过载。

1）主要指标：110（35）kV 重过载线路。

2）辅助指标：110（35）kV 线路最大负载率平均值。

主要解决方式：

1）线路改造，线路单价×长度。

2）线路新建，线路单价×长度。

3）负荷转供，纳入主变重过载问题考虑。

110（35）kV 线路重载、过载投资方式比例见表 7-5。

154

表 7-5　　　　　　　110（35）kV 线路重载、过载投资方式比例

线路最大负载率平均值（%）	100~55.5	55.5~45.5	45.5~30	<30
线路改造	10%	20%	20%	10%
新建线路	80%	60%	20%	10%
负荷转供	10%	20%	60%	80%

（3）110（35）kV 主变压器"$N-1$"。

1）主要指标：110（35）kV 主变压器"$N-1$"不通过规模。

2）辅助指标：110（35）kV 容载比。

主要解决方式：

1）主变压器增容，单台主变压器固定单价。

2）变电站扩建，变电站扩建固定单价。

3）变电站新建，变电站新建固定单价。

4）下级转供，在 10kV 投资中考虑。

110（35）kV 主变压器"$N-1$"投资方式比例见表 7-6。

表 7-6　　　　　　110（35）kV 主变压器"$N-1$"投资方式比例

容载比	1~1.6	1.6~2.0	2.0~3.3	>3.3
主变增容	10%	20%	30%	10%
主变扩建	10%	20%	30%	10%
变电站新建	80%	50%	20%	
下级转供		10%	20%	80%

（4）110（35）kV 线路"$N-1$"。

1）主要指标：110（35）kV 线路"$N-1$"不通过规模。

2）辅助指标：110（35）kV 线路最大负载率平均值。

主要解决方式：

1）线路改造，线路单价×长度。

2）线路新建，线路单价×长度。

3）负荷转供，纳入主变重过载问题考虑。

110（35）kV 线路"$N-1$"投资方式比例见表 7-7。

表 7-7   110（35）kV 线路"N-1"投资方式比例

线路最大负载率平均值（%）	100～55.5	55.5～45.5	45.5～30	<30
线路改造	10%	20%	20%	10%
新建线路	80%	60%	20%	10%
负荷转供	10%	20%	60%	80%

（5）110（35）kV 单线单变。

1）主要指标：110（35）kV 单线规模、单变规模。

2）辅助指标：无。

主要解决方式：

1）线路新建，线路单价×长度。

2）主变扩建，主变单价×数量。

（6）10kV 线路重载、过载。

1）主要指标：10kV 重过载线路规模。

2）辅助指标：10kV 线路最大负载率平均值。

线路重载主要解决方式：

1）线路新建，新建线路单价＝平均主干长×电缆化率×单价＋平均环网柜×单价＋平均开关×单价。

2）线路改造，线路改造单价＝平均主干长×单价×系数。

3）负荷改切，新建线路单价×系数。

4）运行方式调整，无投资。

10kV 线路重载、过载投资方式比例见表 7-8。

表 7-8   10kV 线路重载、过载投资方式比例

线路最大负载率平均值（%）	100～55.5	55.5～45.5	45.5～30	<30
线路改造	10%	20%	30%	10%
负荷改切	10%	20%	30%	10%
线路新建	80%	50%	20%	
运行方式调整		10%	20%	80%

（7）10kV 配电变压器重载、过载。

1）主要指标：10kV 重过载配电变压器规模。

2）辅助指标：10kV 配电变压器最大负载率平均值。

配电变压器重载主要解决方式：

1）配电变压器新建，配电变压器单价。

2）配电变压器增容，配电变压器增容单价。

3）负荷改切，低压线路投资。

（8）10kV"低电压"台区。

1）主要指标：10kV低电压台区数量。

2）辅助指标：10kV平均供电半径、0.4kV平均供电半径。

主要解决方式：

1）配电变压器新建，配变单价。

2）更换导线，平均供电半径×单价。

3）增加无功补偿，无功装置单价。

（9）10kV高损配电变压器。

1）主要指标：10kV高损配电变压器规模。

2）主要解决方式：配电变压器新建。

（10）10kV线路单辐射。

主要指标：10kV线路单辐射规模。

主要解决方式：

1）新建线路，线路单价×系数。

2）已有线路延伸，线路单价×系数。

（11）10kV线路"$N-1$"。

1）主要指标：10kV线路"$N-1$"不通过规模。

2）辅助指标：10kV线路最大负载率平均值。

主要解决方式：

1）线路改造，线路单价×长度。

2）线路新建，线路单价×长度。

3）负荷转供，纳入主变压器重过载问题考虑。

10kV线路"$N-1$"投资方式比例见表7-9。

表7-9　　　　　　　　　10kV线路"$N-1$"投资方式比例

线路最大负载率平均值（%）	100～55.5	55.5～45.5	45.5～30	＜30
线路改造	10%	20%	20%	10%
线路新建	80%	60%	20%	10%
负荷转供	10%	20%	60%	80%

2. 市场类投资量化原则

电网发展水平估算，按照电压等级计算网供负荷，结合容载比目标计算变电容量需求和线路规模需求，根据平均造价计算满足市场类发展投资需求。网供负荷预测结果区分高、中、低方案，投资量化同样需要高中低方案。

110（35）kV 市场类投资 =（网供负荷×容载比目标−现有主变压器容量）×单位主变压器容量投资

10kV 线路市场类投资 =（网供负荷/负载率目标−现有线路供电能力）/单回线路供电能力×平均线路单价

10kV 配电变压器市场类投资 =（网供负荷/负载率目标−现有配电变压器容量）/单台配电变压器平均容量×（配电变压器单价+低压线路单价）

3. 投资量化叠加原则

（1）供电分区之间直接叠加。安全类投资与市场类投资分别按电压等级和供电区域计算，供电区域之间直接加和。

（2）安全类投资中相关问题逻辑叠加。安全类投资中存在多重叠加，问题之间存在逻辑关联，例如重过载主变压器基本都不满足"$N-1$"、单辐射线路肯定不满足"$N-1$"，解决方案时也存在一定关联，解决了重过载不一定解决"$N-1$"、解决了"$N-1$"必定解决了单辐射。因此本着简化模型、直观量化的原则，对于包含关系的问题直接按大问题进行考虑，对于交叉关系的问题按叠加系数进行计算。叠加系数应以历史投资或规划项目库中安全类项目一项多能的比例进行计算，叠加系数取值 0.8。

（3）安全类投资与市场类投资叠加。在解决安全问题的同时可能新建主变或线路同样满足了新增负荷供电需求。以历史投资或规划项目库中安全类投资与市场类投资叠加比例进行计算，考虑采取叠加系数法，叠加系数取值 0.8。

二、各电压等级投资规模确定

各电压等级电网规划投资分配考虑按照市场类、安全类、政策类分别量化，其中政策类按照项目库进行必要性筛查，安全类通过各指标量化计算进行估算，市场类按照各电压等级网供负荷预测结果结合容载比进行估算。

配电网投资估算模型如图 7−4 所示。

将各地市各电压等级投资分别汇总得到按电压等级投资分配结果。

地区总投资 =110kV 电网投资+35kV 电网投资+10kV 电网投资

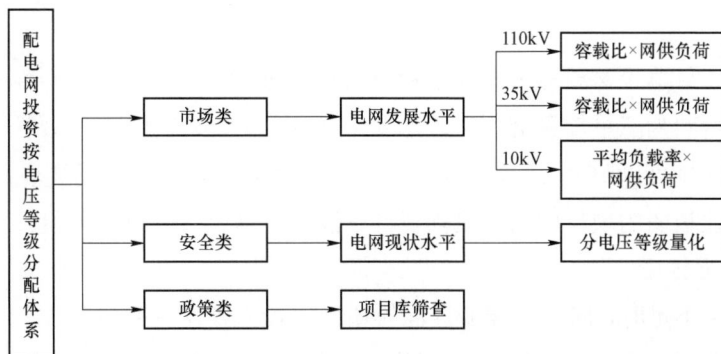

图 7-4 配电网投资估算模型

110（35、10）kV 电网投资 = 政策类投资 +（安全类投资 + 市场类投资）× 叠加系数 A

110（35）kV 安全类投资 =（重过载投资 + "$N-1$" 投资 + 单线单变投资）× 叠加系数 B_1

10kV 安全类投资 =（重过载投资 + "$N-1$" 投资 + 单辐射投资 + 低电压投资 + 高损配电变压器投资）× 叠加系数 B_2

110（35）kV 市场类投资 =（网供负荷 × 容载比目标 - 现有主变压器容量）× 单位主变压器容量投资

10kV 线路市场类投资 =（网供负荷/负载率目标 - 现有线路供电能力）/单回线路供电能力 × 平均线路单价

10kV 配电变压器市场类投资 =（网供负荷/负载率目标 - 现有配变容量）/单台配电变压器平均容量 ×（配电变压器单价 + 低压线路单价）

第四节 项目投资优选排序

一、项目优选排序思路

项目优选排序是建立在地区总资金一定基础上的相对排序。在这种情况下如何通过项目优选，协调必要性与经济性，使固定资金投入取得最高的电网效益。本节采用定性评价和定量评估相结合的方法进行年度规划项目优选排序策略研究。

1. 定性排序

根据项目建设必要程度与紧迫程度将项目分为三个星级，必要性与紧迫性兼具的项目归为三星项目群（政策类项目和重点安全类项目），必要性强但紧迫性有余的项目可以归为二星项目群（一般安全类项目和重点市场类项目），必要性与紧迫性稍弱的项目归为一星项目群（满足更高要求的市场类项目）。

2. 定量排序

总资金不足时，同一星级项目群的项目按投入产出关系进行比较，考量项目的相对收益。投入低成效好的项目排序优先，投入高成效差的项目排序靠后。采取效益成本比法进行优选，最终按照先定性再定量的顺序拾取项目形成项目库。

项目优选排序流程如图 7-5 所示。

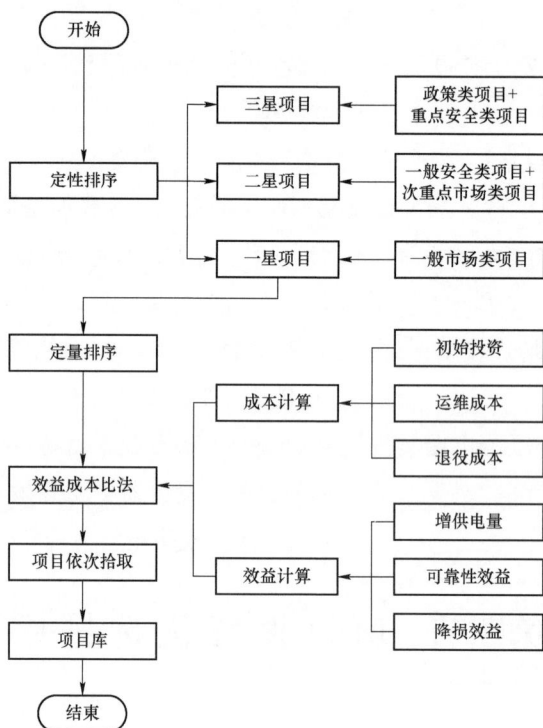

图 7-5　项目优选排序流程

二、项目优选模型

1. 定性排序

（1）三星项目：根据规划建设时序直接列入投资计划。

1）解决设备重、过载项目。

2）满足线路、主变压器"$N-1$"要求的急需项目。

3）加强电网结构，提供局部电源支撑的项目。

4）国家政策性煤改电配套电网、移民、调庄、扶贫等项目。

5）满足国家基础设施建设的配套供电工程项目。

6）列入企业发展战略的重点电网建设试点项目。

（2）二星项目：根据项目投产时间和电网需要优先安排投资。

1）解决单辐射、"$N-1$"问题的项目。

2）满足负荷发展需求的项目。

（3）一星项目：根据项目必要性和年度资金控制规模有选择地安排投资计划。

1）提高用户供电可靠性的项目。

2）满足"$N-2$"准则的电网加强项目。

3）电力市场需求变化使建设紧迫性放缓或推迟的建设项目。

2. 定量排序

定量排序采取效益成本比法。效益成本比（B/C）法，以收益与成本两者的比值来确定项目的优点，为多属性规划，是通过一个有效的比值来评估可选项目的评估和选择过程。项目的收益/成本的值越高，意味着收益也越多。

（1）成本计算模型。综合成本包括初始投资年值、运维成本年值及退役成本年值三项

$$TC = IC + OC + RC \tag{7-1}$$

式中：TC 为成本年值；IC 为初始投资年值；OC 为运维成本年值；RC 为退役成本年值。

1）初始投资年值。初始投资费用是指电网在建设、改造和调试期间内、正式投入运行前所付出的全部投资成本。利用年值折算系数，将电网初始投资折算成年值。

2）运维成本。电网运维费用是指年度电网运行中发生的自营材料费、外包材料费、外包检修费和其他运行费用等，此费用每年均会发生。

3）退役成本。退役成本为处理成本与残值的差值。

（2）效益计算模型。

1）增供电量效益。

a. 关联电网供电能力：高压项目关联电网的供电能力为关联电网范围内所有变电站供电能力之和，中压项目关联电网的供电能力为关联电网范围内所有馈线供电能力之和。

b. 增供电量计算：在计算关联电网安全增供负荷的基础上，应用增供电量分摊系数，求得规划项目的增供电量。

c. 增供电量效益计算：逐年度计算规划项目的增供电量效益，并将增供电量效益折现。

2）可靠性效益。

a. 停电时间：对于中压配电网项目，应计算项目实施前后关联电网范围内由于中压配电网故障或检修导致的系统平均停电时间的变化值，原则上根据DL/T 1563 计算项目实施前后关联电网系统平均停电时间期望值，进而求得系统平均停电时间变化值。

b. 缺供电量计算变化值：根据项目实施前后系统平均停电时间变化值及关联电网平均供电负荷值，计算缺供电量变化值。

c. 可靠性效益计算：根据项目前后缺供电量变化值，并通过单位电量停电损失费用计算可靠性效益年值。

3）降损效益。降损效益为项目实施后关联电网带来的效益，应根据 DL/T 686 计算项目实施前后关联电网网损率变化值，然后在计算逐年降损电量，最终计算降损效益年值。

4）总效益。总效益年值为项目实施后的增供电量效益年值、可靠性效益年值、降损效益年值之和

$$TB = EB + RB + LB \tag{7-2}$$

式中：TB 为总效益年值；EB 为电量效益年值；RB 为可靠性效益年值；LB 为降损效益年值。

（3）效益成本比计算模型。效益成本比即效益年值与成本年值的比值

$$E = TB/TC \tag{7-3}$$

式中：E 为效益成本比；TB 为效益年值；TC 为成本年值。

供电企业可按照定性、定量排序方法分电压等级依次对规划项目进行比选，根据排序结果自上而下选取项目，直到项目投资总额达到资金盘子，确定地区电网本电压等级项目计划库，剩余储备项目全部转入下年度储备项目库。

第五节　配电网规划投资分配流程

综上所述，配电网规划投资分配流程包括按地区分配规划投资规模、按电压等级分配规划投资规模、通过定性排序与定量排序的方式对项目进行优选排序三个步骤，分配流程如图 7-6 所示。

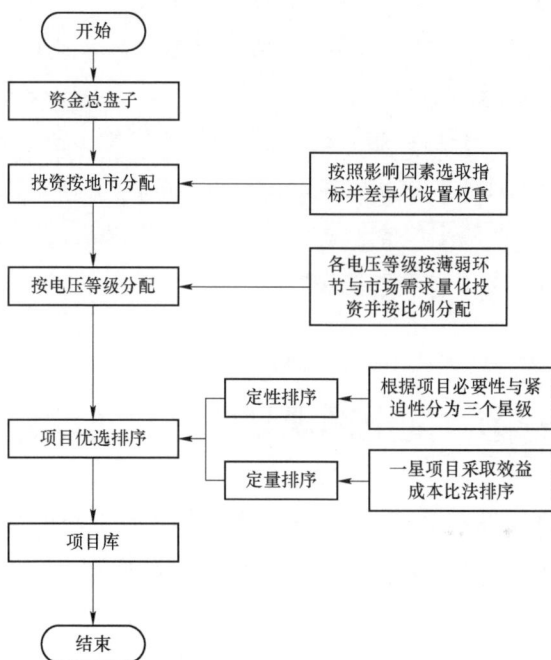

图 7-6　配电网投资分配流程图

思考题

1. 阐述投资规模的影响因素有哪些，本书主要考虑了哪些？

2. 阐述投资分配模型、指标和投资分配计算方法。

3. 投资量化叠加原则有什么，还可以通过什么方式进行叠加计算？

第八章 配电网规划信息化建设策略

【本章重点】电网规划数据量大、涉及领域广、不确定因素多、更新变化快,仅靠人工处理海量电网数据以及各专业相互割裂的项目管理方式难以适应电网精益化管理、精准化投资的要求,基于此,山东公司持续深化配电网规划信息化建设,为电网规划业务提供全新的信息化管理手段。本章重点学习山东公司配电网规划信息化建设策略相关内容,了解山东公司信息化建设总体技术路线、电网基本信息管理等8项功能需求及技术实现路线,为相关从业人员提供配电网信息化建设策略。

第一节 配电网规划信息化建设背景

电网作为地区电网承上启下的重要环节和城乡发展不可或缺的基础设施,覆盖范围广、功能要素全、用户影响深。规划作为龙头,在电网发展中起着至关重要的作用。在规划手段上,目前缺少有效的智能化方法,大数据应用较为欠缺,负荷预测不够精准,薄弱环节分析稍显滞后,决策支持体系尚未完善。配电网规划的问题具体体现在以下四个方面:

(1)电网大数据深度融合与挖掘水平有待进一步提高,非结构化数据价值未能充分体现。电网规划大数据利用价值巨大,不仅可将电网自身的管理、运行水平提升到新的高度,而且可为政府部门、工业企业和广大用户提供更多更好的服务,从而产生根本性的变革,为电力公司拓展增值业务带来无限可能。但目前配电网大数据管理方面,专业壁垒凸显,"营配调规"数据信息未能有效贯通,大数据深度融合与高效挖掘的智能方法尚待改进,限制了配电网非结构化数据内在价值的充分发挥,进而影响了配电网规划进一步做精做细。

(2)负荷预测的精准程度有待进一步提升,时空双维度考虑不够精细。随着分布式发电和智能电网技术和飞速发展,电力生产和消费更加市场化,负荷预测的实时结果数据将成为电力交易中最重要的数据之一，负荷预测的精准高效对于保证各经济实体的利益具有基础性的作用。但目前主流的负荷预测方法计及的因素不够充分，方法不够精确，缺乏时间和空间两个维度的统筹考虑，从而直接影响了规划决策，因此迫切需要更高质量的负荷预测方法和体系。

（3）薄弱环节识别与诊断不够自动化、智能化，缺少微观和宏观的联动。薄弱环节的自动识别与智能诊断能协助决策者有目的、有主次的对配电网进行改造和升级，从而提高配电网的供电可靠性、提升配电网供电能力、降低配电网投资成本。但目前薄弱环节的判定指标较为单一，方法较为固化，对微观关键元件的重要性和宏观网架结构的脆弱性联动不足，无法及时、准确地分析出电网的薄弱之处，难以满足新形势下以问题为导向的配电网精准规划要求。

（4）配电网投资管理水平和投资策略缺乏差异化、精准性。随着国家宏观经济调控和产业结构调整，电网公司售电量增长趋缓，投入产出矛盾日益严重。新一轮电力体制改革的不断推进，输配电价将按照"准许成本加合理收益"原则分电压等级核定，增量配电业务逐步向符合条件的市场主体放开，电网企业的盈利模式发生根本性改变，面临的经营风险与竞争压力不断加大，对投资的精准性要求也不断提高。基于此，亟须通过信息化手段，将相关算法及效益评估模型在统一的平台集成，提高配电网投入产出效率，提升配电网投资管理水平和投资策略的精益化水平。

正处加快推进新旧动能转换关键期的山东，对电力供应的安全可靠、经济高效、绿色低碳和服务优质也提出了更高要求。面对新形势新要求，我们应该坚持问题导向、创新引领，积极响应国家"互联网+"发展战略，结合电网发展需求，加强数据技术共享，形成全流程、多角度、高层次的数据应用支撑，建立数据高度集成、资源融通共享的信息化平台，强化网络互联互通和先进信息技术应用，连接设备、调度、营销等信息系统，有效推进全行业、全方位、全过程技术支撑，为电网安全稳定运行保驾护航。

第二节　信息化建设总体技术路线

采用"互联网+"理念，积极推动云计算、大数据、人工智能等新技术在电网规划业务中的应用，横向集成融合公司系统内 PMS、GIS、EMS、供电服务指挥系统等业务系统数据，纵向梳理贯通规划专业的电网诊断分析、规划可研管理、经济技术评估等业务流程，建成"数据一个源、电网一张图、项目一个库、业务一条线、应用一平台"的电网规划综合信息平台，为电网规划业务提供了全新的管理手段。

（1）汇聚数据，依托物联终端、数据中台等实现数据一个源。平台汇聚物理网络各节点、业务活动各专业数据，包括静态档案、动态曲线、专业项目数据、通用地理信息，以及宏观经济、国土资源、设备运行、用户电量等。发展业务需求数据从源端直采，跨业务融合，全线上集成，零人工录入，全自动生成，实现全程业务数据支撑、真实记录、信息留痕。

（2）打造一图，利用导航等信通技术打造电网一张图。平台贯通源网荷档案，承载能量流变动，感知信息流预警，汇集全空间资源，纵贯多时态电网，直观展示现状电网，回溯复盘历史断面，仿真展望规划蓝图，按需呈现、层层穿透、可视透明，实现问题图上说、规划图上做、计划图上管、成效图上看。

（3）创新模式，借鉴互联网思维助推业务一条线。平台创新发展管理线上作业模式，落实放管服，确保接得住，杜绝重复录，规划设计—计划投资—项目管控—统计分析—诊断评价等全链条业务线上跟踪、线上分析、线上决策，系统智能友好、数据可信可视、场景在线互动、流程高效可控，业务流、能量流、信息流深度融合统一。

（4）营造生态，对内，发挥发展引领统筹作用，平台作为电网协同作业平台，推动"营—配—调—规"全面贯通、"投—建—运—调"深度融合，构建分工有序、高效运转、协同闭环的内部生态系统，实现网上规划电网、网上建设电网、网上运营电网；对外，挖掘能源电力数据价值，平台作为电网资源开放平台，服务用户便捷接入，定制综合能源服务，支撑电力经济分析，协同国土空间规划，助力智慧城市建设，架起电网应用与社会应用的桥梁，构建开放共享、资源优化、互利共赢的外部能源生态圈，激发新活力，创造新模式，实现新价值。

第三节　信息化建设需求及技术实现路线

一、电网基本信息管理

1. 建设需求

为进一步提高全省配电网基本情况数据质量，客观、真实、准确反映配电网年度发展水平，有效支撑发展专业相关工作，亟须构建省—市—县三级贯通的电网基本信息管理体系，充分融合统计、运检、发展专业相关数据，逐年动态更新电网信息，利用信息化手段集成信息、提高数据准确率及工作效率。电网基本信息管理模块的功能需求主要有以下几点：

需求一：数据管理需求。电网基本信息包括经济社会指标数据、各电压等级电网规模、发电装机规模、基建投资规模等内容，涉及我省 17 地市 98 县的统计、投资、规划、设备管理等专业部门，但是负责数据报送的一般是规划专工，线下数据收集时，对于同一数据，由于数据来源不同会有多种版本，因此需要从省公司层面明确各类数据责任部门，细化至市（县）公司，并根据明确好的责任部门在填报界面进行区分。省公司层面对口管理全省及市公司层面相应数据，市公司层面对口管理全市及县公司层面相应数据，负责根据数据更新频率进行数据动态更新与管理，确保出口数据的一致性、准确性。

需求二：功能需求。业务层面主要涉及电网基本信息数据库的填报、集成及动态维护。

（1）账号分类管理。根据不同的数据责任分工，对相应部门专工进行登录账号设置，并根据数据更新频率及时间点定期推送数据更新提醒。各级单位发展部规划专工为本单位电网基本信息模块管理员，每年 4 月底对数据进行阶段性固化，固化后数据责任部门如有相应数据修改，需要经过该模块相应层级单位的管理员审核批准后上报。

（2）数据更新提醒功能。对于社会经济数据相关信息（如：国土面积、人口、GDP 等），一般以政府部门数据为准，数据更新频率为每年一次；对于供电企业基本情况（如用户数、售电量、全社会用电量、全社会最大负荷等），一般出口部门为发展部统计处，数据更新频率为每月/季/年一次，年度更新时间为每年 3 月份；对于风电、太阳能、核能等发电装机规模，一般出口部门为发展部统计处，数据更新频率为每月一次，年度更新时间为每年 2 月份，且无法具体到区县；对于各电压等级的电网规模数据（如线路条数、变电站座数等），一般出口部门为发展部统计处，数据更新频率为每年一次，更新时间为每年 4 月份；对于各电压等级的电网投资规模，一般出口部门为发展部投资处，数据更新频率为每年一次，更新时间为每年 4 月份；对于各电压等级的电网薄弱环节（如 $N-1$ 通过率、过载主变台数、过载线路条数等），数据更新频率为每月/年一次，年度更新时间为每年 4 月份。因此，需要结合数据更新频率在该模块设置数据更新提醒，并保存最后更新时间及更新责任部门，确保信息可溯源。

（3）数据自动集成。电网基本信息包括经济社会指标数据、各电压等级电网规模、发电装机规模、基建投资规模等内容，涉及 17 家市公司和 98 家县公司，因此需要实现对全省数据自动集成及直供区、趸售区分类集成、计算、校核。

2. 技术实现路线

电网基本信息管理模块技术路线为：构建涵盖全面、层次清晰、拓展性强、周期性存储的基本信息数据模型，融合分区域分专业的权限控制系统，明确各级用户的数据责任区域，基于工作流引擎以任务管理的形式构建各层级用户的数据协同梳理与审核平台。

二、数据统计分析自定义组件库

1. 建设需求

为快速响应各项配电网规划业务海量数据需求，满足省、市、县三级数据管理模式以及各项规划数据间的关联关系，基于现有规划业务提炼常用统计分析方法构建数据统计分析自定义组件库。数据统计分析自定义组件库的功能需求主要有以下几点：

需求一：自定义表格设计功能。可提供多样化数据统计分析组件，结合具体规划业务自定义设计统计模板，并通过平台组织架构下发至各市公司或县公司。平台收集数据的组织架构有两种，分别为省公司—市公司—县公司、省公司—市公司，从而实现线下统计快速线上化，利用信息化手段提高数据统计效率。

需求二：快速统计汇总功能。通过各地市上报规划数据统计全省数据或将全省数据分解至各地市数据，并分析各专业数据在 17 地市的分布情况是配电网规划中主要的数据统计分析工作之一。因此，亟须构建 17 地市表格快速汇总组件库，提升数据统计分析工作效率，实现全省—各地市关联表格快速汇总拆分功能。

需求三：快速统计分析功能。能够快速实现自定义快速统计分析及筛选，如项目数量、建设规模、投资等属性的分地市、分类统计分析，以及位于特定区间内分地市、分类统计分析。

2. 技术实现路线

数据统计分析自定义组件库信息化工具的构建技术实现包括三大部分，一是基于 B/S 架构的数据模板设计与填报流程设置；二是基于规则引擎的分层级分周期的数据填报、校核与汇总；三是基于 BI 技术的多维数据查询统计分析。

三、电网诊断分析及薄弱环节管理

1. 建设需求

基于公司《配电网薄弱环节治理工作管理办法》，为通过信息化手段常态化开展电网诊断与薄弱环节分析的数据管理、项目管理与月报管理工作，开发薄弱环节梳理及对应治理项目信息填报、固化、跟踪、销号闭环管控模块，支撑薄弱环节常态化梳理整治工作。电网诊断分析及薄弱环节管理模块的功能需求主要有以下几点：

需求一：管理需求。针对电网诊断分析及薄弱环节治理工作的常态化开展需求，以及配电网薄弱环节梳理、治理措施制定、项目需求提报、纳入规划项目库、前期工作安排、列入投资计划、项目跟踪与销号管理等工作内容，提出电网诊断分析及薄弱环节治理模块的管理需求。

管理流程上，主要包括薄弱环节月报、薄弱环节销号管理、薄弱环节整改情况等的上报和管理。职责界面为省公司层面管理全省及市公司层面，市公司层面管理全市及县公司层面。

需求二：业务需求。业务层面主要涉及高压基础数据库和全电压等级问题库的填报及动态维护。其中，高压基础数据库主要包括 110kV 主变压器、110kV 线路、35kV 主变压器、35kV 线路的设备基本信息和薄弱环节索引。高压（110、35kV）薄弱环节问题库应根据薄弱环节月报每月更新，对于已解决的配电网薄弱环节，应及时销号。

2. 技术实现路线

电网诊断分析与薄弱环节管理模块技术实现包括三大部分，一是基于 B/S 架构的高压基础数据库和全电压等级问题库的填报及动态维护；二是基于业务流程管理技术的薄弱环节月报、薄弱环节销号管理、薄弱环节整改情况等的上报和管理；三是基于 BI 技术的多维数据查询统计分析。

四、网格化规划管理

1. 建设需求

基于公司深化"功能区、网格化、单元制"城市配电网规划和"一图一表"村镇配电网规划管理理念，通过信息化手段开展网格化规划编制及管理工作，提高电网规划和投资精准性，构建网格化规划管理模块。网格化规划管理模块的功能需求主要有：

基于数据中台的网格信息统计分析与管理功能。基于省公司的数据中台建设，实现电网设备"台账、运行、空间"信息的关联融合与查询统计。

基于 GIS 地图的网格划分功能。依托电网 GIS 图，研发供电网格划分模块，具备省市县三级在线地图操作与自动拼接功能，实现网格编码自动生成与统一管理。

2. 技术实现路线

网格化规划业务支撑系统的构建主要是发挥 GIS 技术的空间分析及可视化优势，充分应用各专业系统数据资源及营配贯通成果，实现全省配电网网格化规划图上作业支撑与全过程精益管控。

五、配电网仿真计算模块

1. 建设需求

基于地理接线图、电网 GIS 图等其他模块，为研究规划、可研等方案的优化比选提供技术支撑，实现电网供电能力等关键指标的计算和空间负荷增长的精准预测，构建配电网仿真计算模块。配电网仿真计算模块的功能需求主要有：

基于网格的供电可靠性计算功能。研发电网设备属性、运行数据与网络拓扑的自动识别与智能关联功能，实现供电能力、供电可靠性、设备 $N-1$ 校验等仿真计算功能。

基于网格的空间负荷自动预测功能。依托电网 GIS 图与政府控规图，封装人工智能算法，开发基于电网 GIS 的空间地块负荷自动预测功能。

2. 技术实现路线

配电网仿真计算系统技术实现路线为以当前计算功能全面、计算方法成熟、可靠性强、可二次开发的配电网仿真计算软件为基础，封装为接口规范的 Restful 或 WebService 服务，以此为核心计算引擎，设计标准格式的计算基础数据模型作为输入，依托 GIS 技术和 SVG 技术相结合的方式展示直观仿真计算结果，不断验证完善和提升计算准确性和效率，为供电能力、供电可靠性、设备 $N-1$ 校验等仿真计算及空间负荷预测领域的应用奠定基础。

170

六、高压配电网结构审查管理

1. 建设需求

开发省—市—县高压配电网结构审查工作模块，精细梳理现状存在问题，深入研究地区发展趋势及重点项目布局，客观合理预测电力需求，统筹考虑问题解决、负荷增长、用户电源接入和网架优化需要，科学制定电网规划方案和建设时序，审定规划期内 110（35）kV 电网规划项目接入系统方案，同步优化饱和年目标网架结构。高压配电网结构审查管理模块的功能需求主要有以下几点：

需求一：管理需求。

配电网结构审查成果管理。基层单位在线提报结构审查会议纪要、配电网接入系统方案、与接入系统方案对应的配电网地理接线图、项目清单等资料，市公司、经研院在线评审，在线形成评审意见，固化审查成果，强化规划刚性，确保规划可研无缝衔接。

高压项目库管理。高压项目库每年固化一次，作为后续可研审查、前期工作等各项工作的依据。为了加强规划严肃性，规划方案一经审定并纳入高压项目库，若新变更方案较规划方案无明显优化，按照规划方案执行。

规划项目变更管理。若规划方案、时序发生确需变更，需要填写规划方案变更情况表，结合 110（35）kV 电网规划项目变更"三级变更"制度，进一步理清规划—前期—可研高压项目关联关系，明确省、市、县各级管理界面，实现高压项目的全链条管理。

需求二：业务需求。

构建配电网高压项目库。涵盖项目名称、所在区域、建设投资规模、计划投产年份等基本信息。高压配电网项目库应涵盖规划期内五年的项目。

高压配电网接入系统方案。与规划项目库对应的配电网地理接线图，地理接线图以地市为单位，绘制标准应参照《配电网规划标准化图纸绘制规范》。

2. 技术实现路线

高压配电网结构审查管理技术实现包括三大部分，一是基于 B/S 架构的数据上报与审查流程设置；二是基于阿里云对象数据库 OSS 的非结构化数据存储与下载；三是基于多人协作云文档编辑技术的在线评审。

七、中低压全过程管理

1. 建设需求

基于放管服模式下中低压配网项目全过程管控，为加强项目可研与需求和规划的衔接，保障与项目立项、初设等后续阶段的无缝对接，明确省、市、县各级管理界面，实现中低压全过程管理，提升配电网建设的效率效益，构建中低压全过程管理模块。中低压全过程管理模块的功能需求主要有：

基于放管服模式的中低压项目全过程闭环监督管理。基于供电网格构建从问题需求、规划方案、项目储备、投资计划等全过程数字化管理，提升配电网建设的效率效益。

中低压配电网常规项目抽审和特殊项目评审管理。基于放管服模式构建中低压配网项目抽审、评审信息化平台，减少线下文件流传较慢的困扰，提高信息传递效率，加强中低压配点网项目可研质量管理。

2. 技术实现路线

中低压全过程管理模块技术实现包括三大部分，一是基于 WEB 工作流技术的项目流程控制；二是基于阿里云对象数据库 OSS 的非结构化数据存储与下载；三是 EXCEL 文档解析技术的批量数据校核与导入。

八、规划可研在线评审管理

1. 建设需求

由于规划可研相关成果以文档形式存贮，数据收资工作量巨大，为实现规划可研评审信息化，加强规划可研管理质量，避免出现规划、可研不衔接等情况，构建规划可研在线评审管理模块。规划可研在线评审管理模块的功能需求主要有：

可视化规划和可研在线评审功能。研发完善电网规划在线评审、电网项目可研在线评审模块，利用信息化手段提升电网规划成果管理和评审效率，自动比对规划可研衔接情况、电网规划执行情况，提升项目评审效率及评审质量。研发电网规划成果移动办公终端模块。

2. 技术实现路线

规划可研在线评审模块技术实现包括三大部分，一是基于多人协同在线评审技术的规划可研评审；二是基于 WEB 工作流技术的工作流程控制；三是基于阿里云对象数据库 OSS 的非结构化数据存储与下载。

思考题

结合地区实际，考虑配电网规划信息化建设方面还有哪些建设需求，如何实现。

第九章 新形势下配电网规划管理策略

【本章重点】为主动适应国土空间规划对配电网设施空间布局规划工作带来的新形势、新要求、新变化，促进配电网高质量可持续发展，山东公司从规划体系、工作流程、工作机制三方面开展了配电网规划管理策略研究，分析国土空间布局下的配电网规划体系存在的困难，提出配电网规划体系及工作流程优化措施，为相关从业人员适应国土空间规划开展配电网规划工作提供指导。

第一节 国土空间规划对配电网规划的影响

国土空间规划是对一定区域国土空间开发保护在空间和时间上作出的安排，包括总体规划、详细规划和相关专项规划。总体规划和详细规划变革形势下，对配电网规划工作开展提出了更高要求。

1. 市（县）级总体规划对配电网规划的要求

市（县）总体规划是对市（县）域范围内国土空间开发保护做出的总体安排和综合部署，提出 2035 年市（县）域国土空间发展目标，明确各项约束性和引导性指标；确定市（县）域国土空间保护、开发、利用、修复、治理总体格局，制定全域规划分区，明确准入规则，统筹划定"三条控制线"，明确管控要求，合理控制整体开发强度；统筹市（县）域交通等基础设施布局和廊道控制要求，提出公共服务设施建设标准和布局要求；建立健全规划传导机制，明确国土空间分区准入、用途转换等管制规则，严格耕地、自然保护地、生态保护红线、海岸带、生态敏感脆弱区等特殊区域的用途管制。

根据市（县）级总体规划重点内容，市（县）级总体规划对配电网规划要求总结如下：

（1）边界条件。

1）市级总体规划重点关注 110（35）kV 及以上电网规划成果；

2）县级总体规划重点关注 110（35）kV 电网规划成果，应承接市级配电网规划，将 110（35）kV 及以上变电站布点规划、通道规划等纳入规划成果。

（2）规划年限。配电网规划应与市（县）级总体规划年限一致，总体规划的规划年限为 2020～2035（2050）年，近期规划至 2025 年，远期规划至 2035 年，远景展望至 2050 年。

（3）规划内容。配电网规划的内容应包括范围、规划性引用文件、总则、规划目的和依据、地区经济社会发展概况、电网现状、电力需求预测、电源规划、规划目标和技术原则、分电压等级电网建设方案、投资估算与规划成效分析、结论及建议、附表及附图等内容。应充分做好与市（县）级总体规划衔接。市（县）总体规划对配电网规划需求见表 9-1。

表 9-1　　　　　市（县）总体规划对配电网规划需求

类别		需求
规划年限		配电网规划应与市级总体规划年限一致
规划内容	电网现状	分析电网发展现状及问题，重点研究电源布局、电网发展等问题
	电力需求预测	增加饱和负荷密度法等方法对电力需求进行预测
	电网结构规划	主要是 35kV 及以上电网结构的变化
	布点规划	近期至 2025 年，需提供 110（35）kV 变电站数量、占地面积、四址坐标、朝向、进线通道等信息，重点建设项目已明确具体选址的，还需提供项目选址的矢量数据； 远期至 2035 年，电力设施专项规划需提供 110（35）kV 变电站数量、站址大致位置、占地面积等信息
	廊道规划	近期至 2025 年，需提供 110kV 线路廊道信息包括线路敷设方式、廊道走向、廊道保护范围等。 远期至 2035 年，具备条件的可纳入线路廊道信息，包括线路敷设方式、廊道走向、廊道保护范围等

市（县）级详细规划是根据市（县）级总体规划要求，将各类控制指标、规模和布局落实到地块，对具体地块用途和强度等做出实施性安排。详细规划是作为开展国土空间开发保护活动、实施国土空间用途管制、核发城乡建设项目规划许可、进行各项建设等的法定依据，并应将由政府主管部门组织编制的电力设施专项规划的主要内容要纳入详细规划中。

2. 市（县）级详细规划对配电网规划要求总结如下：

（1）滚动周期。目前市（县）级详细规划一般结合实际情况，评估规划成果，在必要时进行滚动修编，电网规划滚动周期应与其保持一致。

（2）规划内容。配电网规划总体上要和总规要求深度一致，但在电网现状分析、电力需求预测及电网建设需求分析、电网结构规划、布点规划、廊道规划等角度描述有所区别。市（县）级详细规划对配电网规划需求见表 9-2。

表 9-2　　　　　　　　　市（县）级详细规划对配电网规划需求

类别		需求
规划年限		配电网规划应与市级总体规划年限一致； 在必要时进行滚动修编，电网规划滚动周期应与其保持一致
规划内容	电网现状	说明相关电压等级电变电站、电力线路的现有规模及电网的最高负荷、用电量及其增长情况等电网基本情况； 说明规划范围内相关电压等级电网的主要特点
	电力需求预测	结合规划区域国民经济及社会发展规划，说明各规划水平年的电力、电量预测结果及其负荷特性等主要指标； 饱和负荷密度法等方法对远景年电力需求进行预测
	电网结构规划	重点是 10kV 方案规划，说明远景年份及各规划水平年的网架建设推荐方案，并以区域规划图为底图绘制相应的电网地理接线图； 分类说明规划期电网设施建设项目情况，包括项目名称、电压等级、工程建设规模（含最终建设规模）、建设性质、近期项目建设时序等
	布点规划	以 2000 国家大地坐标系和 1985 国家高程基准作为空间定位基础； 远期还需明确变电站进站道路宽度及其控制要求
	廊道规划	以 2000 国家大地坐标系和 1985 国家高程基准作为空间定位基础

第二节　国土空间布局下的配电网规划体系

一、现有配电网规划体系梳理

2019 年，国网公司修订《国家电网有限公司配电网规划管理规定》（国家电网企管〔2019〕425 号），优化完善配电网规划工作管理机制和组织方案，建立国网、省、市、县四级管理，基层班组积极参与的"四级规划、五级参与"的常态化配电网规划成果和管理工作体系。

1. 现有配电网规划成果体系

（1）四级规划：国网公司配电网发展规划是对全部经营区域内电力发展规划的落实，明确配电网规划指导思想、技术原则、投资重点，确定各省建设规模、投资规模；省公司级配电网规划是落实国网公司配电网，结合省级电网现状，对全省配电网发展作出全局性安排，指导市、县配电网规划编制，突出各市电网发展的统筹安排；市县公司级配电网规划是落实国网公司和省公司级配电网规划要求的主平台，是对市、县公司经营区域内配电网项目的具体安排。

（2）三类规划：配电网总规划是配电网全局性规划；专项规划通常包括城市配电网规划、乡村电网规划、智能化规划等；专题规划主要针对配电网现状分析、配电网负荷预测、目标网架研究、可靠性及其投资敏感性分析、技术经济比较等关键问题开展专题研究，提高规划科学性、系统性、适应性。

2. 现有配电网规划管理体系

（1）成立电网规划管理委员会：明确电网规划基本原则、技术标准和主要内容；统筹电网安全质量和效率效益，审议电网发展重大问题、骨干网架构建和重大工程建设方案，审核国家电网总体规划报告，报公司党组和董事会决策。

（2）成立电网规划专家咨询委员会：对电网规划重大边界条件、技术标准和基本原则提出意见建议；对国家电网总体规划报告进行咨询，对电网发展重大问题、骨干网架构建和重大工程建设方案提出咨询意见。

（3）分部、省公司相应成立电网规划管理委员会：对本级党组负责，统筹规划、建设、运行等专业，研究本级电网发展问题和重大工程建设方案，审核本级电网规划报告，协调解决专业之间重大分歧。

二、现有规划体系与国土空间规划体系适应性分析

根据《山东省人民政府办公厅关于印发山东省国土空间规划编制工作方案的通知》（鲁政办字〔2019〕105 号），国土空间规划体系总体框架为"五级三类四体系"。"五级"为国家级、省级、市级、县级、乡镇级国土空间规划；"三类"包括总体规划、详细规划和相关专项规划；"四体系"是指编制审批体系、实施监督体系、法规政策体系和技术标准体系。国土空间规划体系架构见表 9-3。

表 9-3 国土空间规划体系架构

总体规划	详细规划		相关专项规划
全国国土空间规划			
省级国土空间规划			专项规划
市级国土空间规划			
县级国土空间规划	（边界内）详细规划	（边界外）村庄规划	
镇（乡）级国土空间规划			

从规划层级角度看，目前国土空间规划体系已建立"五级"规划体系，电网规划体系同样建立了国家电网公司级、省级、市级、县级"四级"规划体系，并开展了"一图一表"村镇级配电网规划。规划层级角度关联性分析如图 9-1 所示。

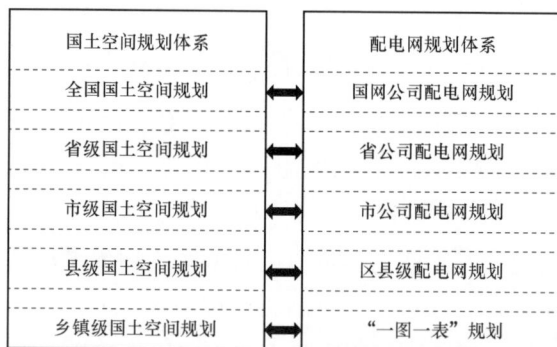

图 9-1 规划层级角度关联性分析

国家电网公司配电网发展规划要贯彻落实全国电力发展规划，对接全国国土空间规划，指导省公司配电网电力规划编制；省级规划落实国网公司要求对省域配电网发展做出全局安排，对下级有约束性和引领性；市级规划承上启下，侧重传导性；县级、乡镇级规划细化落实上级规划要求，侧重中低压项目实施性。

从规划类型角度看，目前国土空间规划体系已建立总体规划、详细规划和相关专项规划"三类"规划体系，总体规划与详细规划、相关专项规划之间体现"总—分"关系。总体规划是详细规划的依据、相关专项规划的基础；详细规划要依据总体规划进行编制和修改；相关专项规划要遵循总体规划，不得违背总体规划强制性内容，其主要内容要纳入详细规划。电网规划体系同样建立了总规划、专项规划和专题规划"三类"规划体系。总体规划是专项规划和详细规划的基础，电网总规划是配电网发展战略和总体布局，在地位和作用上同总体规划一致，注重战略性；详细规划作为国土空间总体规划的落实，对应电网公司城市配电网规划、乡村电网规划等专项规划；专项规划作为国土空间总体规划的补充，主要包括特定区域或特定行业的专项规划，对应电网公司某一领域如负荷预测、目标网架研究等专题规划。规划内容角度关联性分析如图9-2所示。

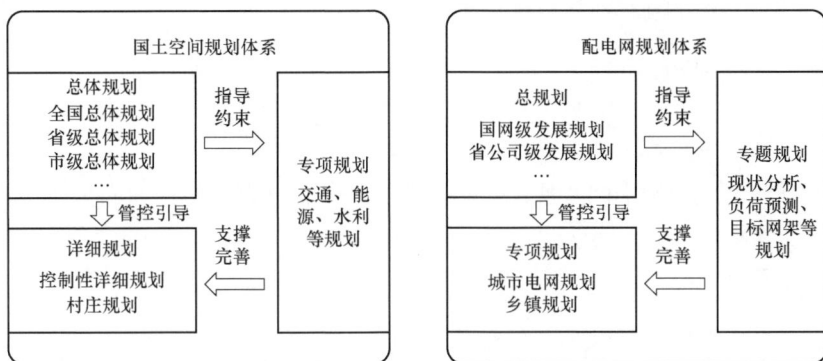

图9-2　规划内容角度关联性分析

尽管在规划层级和规划内容上，配电网规划和国土空间规划上存在一定的关联性，但在规划深度、期限等方面仍存在一些问题，现有配电网规划体系的局限性主要体现在"三个不"：

1. 期限不足

现阶段各地区广泛开展"网格化"及村镇"一图一表"规划，各地电网饱和年一般为2038年，国土空间规划规划期限至2035年，远景展望至2050年。配电网规划的期限短于国土空间规划，给未来的电力设施布点带来较大不确定性。

2. 深度不够

现有配电网规划专业性强，侧重于电力系统自身问题，选址、选线多为大体位置（示意图），无详细坐标位置，对落地性缺乏论证，在项目可研阶段才落实站址、走廊等可实施性。而国土空间规划要求在地理信息平台上实现"一张图"，政府要求提供规划变电站站址和廊道坐标，现有配电网成果难以满足要求。

3. 标准不一

国土空间规划未对线路路径选择做出具体要求，如线路建设形式、廊道宽度，也没有明确地下或半地下、电缆入地等标准，给项目的选址选线带来一定的难度。政府部门在制定规划时会综合平衡各方利益诉求，使得选址、选站难度将愈加增大。配电网规划和国土空间规划相关标准也有所区别，主要体现在变电站占地面积的要求上有所不同。市政对于变电站建设用地的预留比较单一，如 110kV 变电站站址面积用地基本指标 0.28 公顷，而变电站建设形式的选择是个复杂的过程，需要结合区位（如市中心区域、郊区、城乡接合部、乡镇等）、负荷发展、环境等因素选择合理的典设方案。

三、优化措施

1. 构建"四级规划、五级参与，1+N 模式"规划体系

"1"即在现有公司电网规划体系基础上，增加电力设施空间布局规划专题。重点编制跨省跨区、220kV 及以上输电网、110kV 及以下配电网三类项目空间布局规划。

"N"即常规配电网规划，包括"十四五"规划、网格化规划、村镇规划、园区规划、电网滚动规划等，常规配电网规划中变电站站址及线路廊道信息取自电力设施空间布局规划。

2. 积极推动公司配网规划相关技术标准纳入国土空间规划标准或条例中

明确地下或半地下、电缆入地等标准，例如直接划定电缆化区域；将变电站的站址要求、线路走廊宽度要求、电力设施退界标准纳入规划编制标准或条例中；供电公司需明确电缆廊道选型及规模，比如电缆沟、排管、隧道等，利于政府做好廊道预留工作。

3. 探索配电网规划"留白"制度，增加规划包容性

在未编制详细规划地区，探索开展 10kV 及以下规划"留白"机制，留有发展空间，不具体开展详细规划项目编制，待后期确定后再进一步完善。当前这些空间仍按原功能正常使用，未来将根据实际开发建设情况，逐步优化、深化配套电力设施类型，合理安排实施时序，保障符合地区发展目标和重大项目、重大事件等用电需求。

4. 编制高压变电站站址、廊道规划和电缆化区域说明书

在电力设施空间布局规划中，可以单独编制高压变电站站址、廊道规划和电缆化范围说明书，作为和市政沟通的材料，同时作为公司内部电力设施布局规划宣传册。重点阐述高压变电站站址选择、廊道路径规范要求以及明确电缆

化区域范围，绘制相关图册。同时，为解决上文中提到的控规变化但电力设施布局规划滚动不及时的情况，可以重点滚动站址和廊道规划说明书，并做好和市政相关部门的对接。

5. 加强高压目标网架规划研究

为解决公司配电网规划期限与国土空间规划不协调的问题，配电网规划应该加强饱和年目标网架研究，即负荷达到或接近饱和时期的网架，市政上对应2050 年的目标网架。借助新一轮国土空间规划编制契机，提出饱和年 35kV 及以上电网目标布局建设需求，完整纳入国土空间规划。

6. 加强"网上电网"发展平台建设

加强"网上电网"等电网规划辅助平台建设，在"网上电网"发展平台中叠加空间地理信息系统，建立国土空间规划信息化系统接口，力争实现电网设施、自然资源等数据在公司与政府部门之间双向传输，同时为政府科学编制国土空间规划提供技术支撑。

第三节　国土空间布局下的配电网规划工作流程

一、现有配电网规划工作流程

配电网规划离不开各专业部分的支持，科学的工作流程可确保规划工作的顺利开展。配电网规划流程主要包括启动、编制、审查、实施四个阶段，如图 9-3 所示。

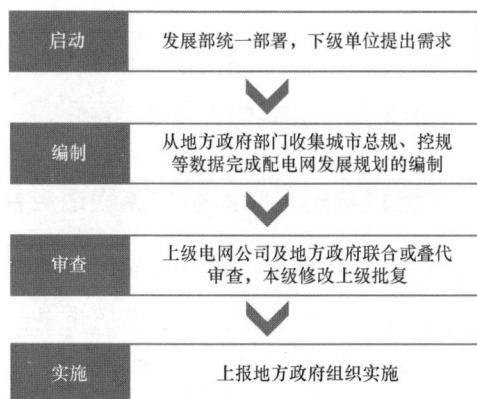

启动	发展部统一部署，下级单位提出需求
编制	从地方政府部门收集城市总规、控规等数据完成配电网发展规划的编制
审查	上级电网公司及地方政府联合或叠代审查，本级修改上级批复
实施	上报地方政府组织实施

图 9-3　现有配电网规划流程图

具体的流程是首先项目启动，明确要求、重点任务、时间节点等，然后由主管单位逐级下达规划编制大纲，传达到电网建设基层单位（市公司），开展规划编制工作。编制完成后由上级单位评审、批复规划方案，并将地区规划方案纳入省级规划，省级规划方案编制完成后递交到国家电网公司完成方案评审、批复。最后建设单位根据规划方案的批复情况实施。实施过程中建设单位将规划执行情况及时向规划编制单位反馈，以便在下一个滚动周期（近期规划 5 年，中长期规划 10~15 年）进行调整修编。

规划编制环节是配电网规划的核心，配电网规划编制首先要明确规划范围和规划年限，具体过程包括规划区域基本概况介绍、电网现状评估、电网发展规划、电力设施布局规划、配电网方案制定、报告评审和项目入库等环节。现有配电网规划编制流程如图 9-4 所示。

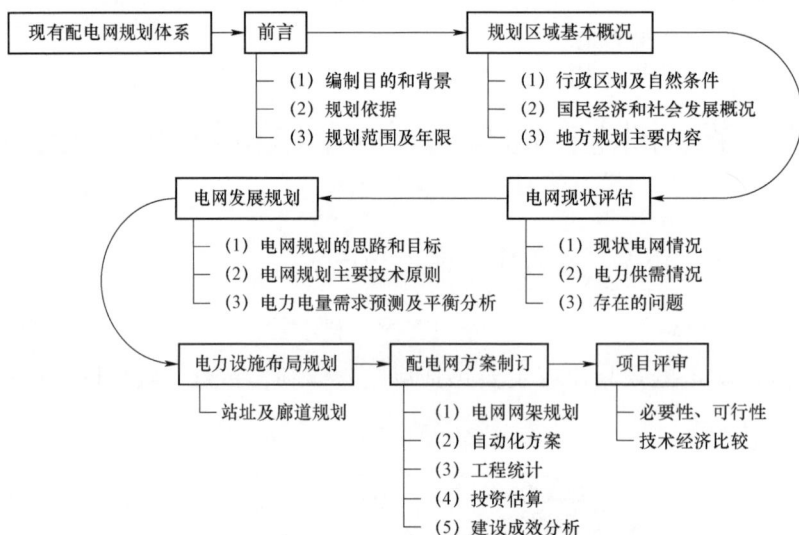

图 9-4　现有配电网规划编制流程

二、现有规划工作流程与国土空间规划流程适应性分析

根据鲁政办字〔2019〕105 号文，国土空间规划总体流程划分为启动部署、规划编制、审查审批三个阶段。根据《山东省市县国土空间总体规划编制导则（试行）》和《山东省乡镇国土空间总体规划编制导则（试行）》，将国土空间规划工作步骤进一步细化为"制订工作方案、开展基础调研、深入

评估评价、专题专项研究、规划方案编制、成果审查报批"等六个阶段，如图 9-5 所示。

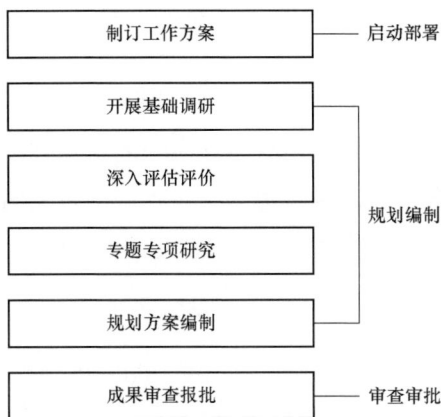

图 9-5　国土空间规划流程图

对比分析国土空间规划与配电网规划工作流程，两者密切相关的节点主要涉及四个阶段，一是"制订工作方案"阶段，电网公司需知晓国土空间规划的工作内容、阶段目标、进度安排等；二是"开展基础调研"阶段，电网公司应提供基础数据如现状电网规模、站址位置线路廊道等；三是"专题专项研究"阶段，在能源基础设施布局研究中提供供配电设施建设需求；四是"成果审查报批"阶段，在空间布局规划中最终确定配电网设施布点。

综上所述，国土空间规划六个阶段中电网公司直接、间接参与的有四个阶段，加之"深入评估评价、规划方案编制"两个阶段成果的获取及应用，国土空间规划体系对电网公司全过程深入参与提出极高的要求，但现有配电网规划流程仅收资阶段、审查阶段和上报阶段三个环节涉及地方政府，存在现有配电网规划流程与国土空间规划不衔接的问题。

三、优化措施

结合规划流程不衔接问题，建立适应国土空间规划的配电网规划流程，保障配电网规划与国土空间规划的同步启动、同步编制、同步完成、同步滚动，实现电网公司对国土空间规划的深度参与，达到配电网规划有效纳入国土空间规划的目标。

构建"启动、编制、核验、审查、实施"五步法：为保证三级电力设施布局规划纳入国土空间布局规划，切实反映电网实际需求，需要不断为电力设施布局规划提供及时可靠的电网需求反馈。因此，针对现有配电网规划流程不能适应国土空间规划情况，提出"启动、编制、核验、审查、实施"五步工作流程。

启动、编制、审查、实施四步同现有规划工作流程，不再赘述，而核验环节贯穿于配电网编制过程中，主要包括国土空间布局规划预留站址廊道介绍、预留站址廊道适应性分析、站址廊道变更可行性分析及国土空间布局规划执行情况四个方面。配电网规划编制流程优化如图9-6所示。

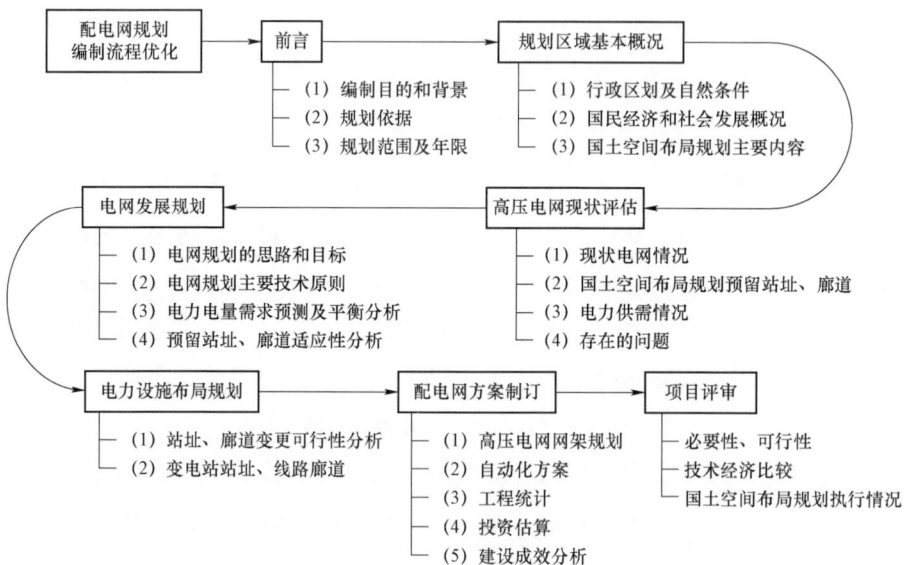

图9-6 配电网规划编制工作流程优化

核验环节针对"1+N"模式中的常规规划项目，主要校核常规规划中站址、廊道信息与国土空间布局规划中预留位置是否一致，同时对电力设施布局规划中预留的站址、廊道进行适应性分析，最终形成核验意见或核验报告。如果电力设施布局规划中预留站址、廊道资源与实际需求偏差较大，需提出新站址及廊道方案并开展变更分析，及时将需求信息反馈至电力设施布局规划中，通过国土空间布局规划滚动修编及早纳入国土空间布局规划中。

第四节　国土空间布局下的配电网工作机制

一、现有配电网规划工作机制

配电网规划工作机制是通过建立一套科学的配电网规划组织机构和运作方式，采用科学的人员分工，将配电网发展理念融入配电网规划工作中，概括起来主要包括流程、职责、制度、实施和考核管理等内容。

配电网规划的流程管理是为了保证配电网规划工作规范化和高效化制订的配电网规划工作次序。系统科学的管理流程即在公司内部形成了规划大纲下达、规划编制、规划评审、规划批复、规划实施的先"自上而下"，后"自下而上"逐级传导的规划管理流程。

配电网规划的职责管理是指为了实现既定的工作目标，各工作成员在组织中承担的完成实际工作的任务以及保证任务质量的责任。规划管理是一项多专业协同的系统工程，合理、明确的职责划分能充分调动工作组成员的主观能动性，提高工作效率。

配电网规划的制度管理是为保障配电网规划工作健康有序地开展，保障预期的质量和时间而制定的管理规范，包括工作流程管理、规划工作质量管理（深度规定）、组织职责管理和办法等。

配电网规划的实施管理是针对配电网规划成果批复后具体执行环节进行的管理，目的是形成配电网规划和建设的动态联动，将规划工作纳入电网发展建设全过程管理，切实发挥规划的引领作用。

配电网规划的考核管理是对各职责岗位工作成员的工作完成情况进行评价，目的是激励工作组成员高质量地完成工作任务。考核管理包括建立考核体系、绩效实施、结果应用和评估改进等内容。考核对标体系设立要体现工作目标的要求，体现关键指标的准确量化，要能形成有效的激励与约束机制。

配电网规划管理流程如图9-7所示。

二、现有规划工作机制局限性分析

现有配电网规划工作机制与国土空间布局规划缺乏有效衔接。现有工作机制缺乏专门的部门或人员与政府部门保持固定化的沟通，对总体规划与详细规

	主管部门	发展部	经研所	运检部	调控中心	营销部	信通公司	财务部	县公司
规划启动	下达计划								
规划编制		牵头组织 / 经济电力需求预测		提供设备台账信息	提供运行方式信息	提供营销电量信息	提供通信设备信息	提供财务资产状况	提供县级运行资料
规划评审	评审（不通过）/（通过）下达批复	评审（不通过）/（通过） / 具体编制		评审	评审	评审	评审	评审	
		滚动修编	执行	执行	执行	执行	执行		执行

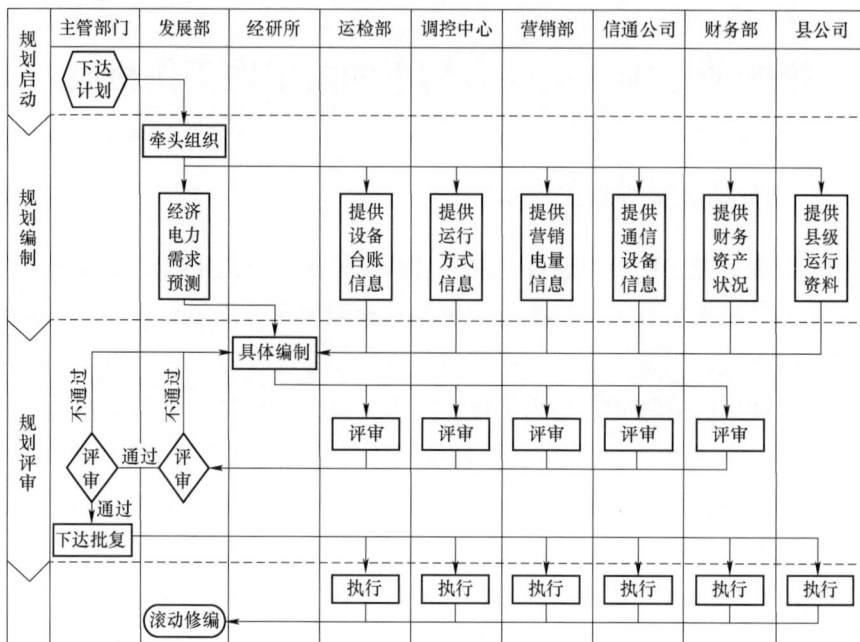

图 9-7 配电网规划管理流程

划在衔接内容、衔接程度、编制时间、修编频率等方面的差异，缺乏常态化衔接工作机制和有效沟通方式。对详细规划编制启动时间差异大、修编频繁的特点，电网公司缺乏常态化衔接工作机制和固化对接沟通方式。

三、优化措施

为确保将电网规划纳入国土空间规划"一张图"上，保障"四级规划、五级参与，1+N 模式"规划体系的顺利开展，需要加强与当地政府及自然资源管理部门沟通衔接，配电网规划工作可在规划管理、对外沟通衔接方面优化。

1. 强化规划管理

（1）全面推进可研和设计一体化。国土空间规划实施后，国家治理方式发生变革，大量工作前移，电网建设将由"过程协调"转变为"前期协调"，更需要简化内部管理，从各个电压等级全面推进可研和设计一体化，在前期阶段做深、做准、做透可研设计，一次能解决的问题不分两次解决，避免项目核准后发生重大变更。

（2）合力推动跨省跨区工程前期工作。对于跨省、跨区电网规划，按照"受端主导、政府推动、网源协调、协议先行、纳入规划"的原则，协调自然资源部和相关地方政府，将项目变电站站址和线路走廊纳入各级地方政府国土空间规划，保障项目落地实施。

2. 多元沟通衔接

（1）建立电力设施布局与国土空间规划"四级"衔接机制。针对国网公司、省、市、县 4 个层次电力设施空间布局规划，建立国网公司级、省公司级、市公司级、县公司级"四级"电力设施布局与国土空间规划衔接机制，将主要衔接工作下放至县级公司，市级公司可按高压配电网总体规划方案的落实情况，管控县级公司规划衔接工作并开展考核；省级公司可按 220kV 及以上电网规划的落实情况，管控地市级公司规划衔接工作并开展考核。相应省公司、市公司、县公司分别对口省级、市级、县级自然资源管理部门，由自然资源管理部门牵头组织对接其他专业单位，做好国土空间规划的衔接服务。

通过"四级"衔接机制，明确各阶段的工作内容、工作目标和负责人，地市公司或县公司应把握机会、时机，实现总体规划与电力专项规划保持一致，及时掌握各城市单元的控制性详细规划、各乡镇的乡村规划的编制实施情况，做好规划衔接和成果纳入工作。

（2）广度上"一口对外、逐级推进"，深度上"高层协商"。不同阶段采用不同的对接方式，启动调研阶段，公司省、地市、县公司发展部门对接各级自然资源管理部门，积极促请省、地市、县级政府成立规划编制领导小组和工作小组，电网公司作为成员单位参与工作，逐级建立沟通协调机制。召开电力专项规划启动会，积极邀请当地政府和自然资源管理部门与会并指导工作，同步建立与当地政府和自然资源管理部门的沟通机制，协调总体规划资料的提供方式及电力专项成果反馈要求。

实施跟踪阶段，市公司或县公司可召开电力专项规划阶段性成果会议，邀请当地政府和自然资源管理部门参与方案讨论，跟踪总体规划开展的情况，通过高层协商，确认阶段性是否满足纳入总体规划的需求。

评审落实阶段，召开电力专项规划评审会，邀请当地政府和自然资源管理部门参与评审，并以书面评审意见的方式将电力专项规划成果抄送当地政府、自然资源管理部门、总体规划编制单位，确保将电网规划纳入国土空间规划"一张图"上。

（3）加强国土空间规划编制过程衔接。充分考虑地方政府规划、土地用途、交通运输、环境保护、压覆矿产等因素，合理选择变电站站址和线路走廊。地市公司或县公司应主动对接自然资源管理部门核实电力专项规划是否与总体规划向相适应，实现电力专项规划与总体规划保持一致。跟踪国土空间规划滚动调整机制建立情况，相应制定电网规划项目调整机制。

（4）做好与能源主管部门的沟通汇报。加强国民经济和城市规划、电力需求增长、电源总量及结构等研究，将研究成果主动向能源主管部门沟通汇报。按照"多规合一"要求，促请自然资源管理部门会同相关部门负责构建统一的国土空间规划技术标准体系，修订完善国土资源现状调查和国土空间规划用地分类标准，制定各级各类国土空间规划编制办法和技术规程，积极推动将电力行业的技术标准纳入统一的国土空间规划技术标准体系。

思考题

1. 国土空间规划对配电网规划工作产生了哪些影响？

2. 阐述"四级规划、五级参与，$1+N$ 模式"配电网规划体系具体内涵。

3. 结合实际工作分析"网上电网"发展平台建设对配电网规划工作的作用。

第十章 配电网设施空间布局规划内容深度规定

> 【本章重点】为主动适应国土空间规划对配电网设施空间布局规划工作带来的新形势、新要求、新变化，促进配电网高质量可持续发展，山东公司开展了配电网电力设施空间布局规划深度研究，结合山东省国土空间规划编制大纲，分析基于国土空间的配电网设施布局要求，总结归纳影响配电网设施空间布局规划质量的关键因素，结合山东电网实际情况编制《配电网空间设施布局内容深度规定》，提高配电网规划与国土空间规划衔接程度，为相关从业人员适应国土空间规划开展配电网设施空间布局规划工作提供指导。

第一节 国土空间规划对现有配电网设施布局规划的影响

一、国土空间规划对规划内容深度提出新要求

国土空间规划分为 5 个级别，分别为国家层面、省域层面、市域层面、县域层面、乡镇层面。全国国土空间规划是对全国国土空间作出的全局安排，侧重战略性，不涉及具体的设施。省级国土空间规划是对全国国土空间规划的落实，指导市县国土空间规划编制，侧重协调性，对于电力设施而言，仅涉及 500（330）kV 及以上电压等级，需要精确落实每个现状站址和规划站址的坐标、线路拐角坐标。市、县和乡镇国土空间规划是本级政府对上级国土空间规划要求的细化落实，是对本行政区域开发保护作出的具体安排，侧重实施性，对 110（35）kV 电力设施需要精确落实每个现状站址和规划站址的坐标、线路

拐角坐标。

二、国土空间规划对规划适用范围提出新要求

国土空间规划体系内容深度适应性问题主要体现在以下方面。

1. 10kV 设施未纳入国土空间规划

在国土空间规划中，一般仅明确 35kV 及以上电压等级变电站和线路的黄线规划信息，对 10（6）kV 的变电站和线路均未纳入，容易造成末端配电网落地困难的问题。

2. 现存国标不适用全域配电网规划

根据《电网设施布局规划内容深度要求》（Q/GDW 11396—2015）要求，10（6）kV 电压等级配电设施的布局规划应采用控制性详细规划或修建性详细规划作为基础资料，因此并不适用于无控制性详细规划的区域。

第二节 配电网设施空间布局
规划总体策略

一、规划内容深度的基本原则

1. 生态优先、绿色发展原则

严格执行"人与自然和谐共生"的生态文明要求和方针，优先保护生态空间。尽量规避生态保护红线和永久基本农田，促进电力设施的顺利落地。

2. 全面规划、分期实施原则

配电网空间设施布局规划的编制要对全电压等级的配电网设施进行布局规划，制定远景年份及各规划水平年的网架建设推荐方案，重点解决近期要建设项目的站址和走廊问题；远期应根据国土空间发展需求，积极落实规划站址和廊道资源，并预留合适的裕度，做到技术先进、经济合理、适度超前、多规合一。

3. 因地制宜、整体优化原则

配电网空间设施布局规划须因地制宜，考虑规划区的自然环境特征、用户

负荷特征等指标，合理开展区域划分，规划分区子方案，在有限的投资额度下，尽量满足电网安全、经济发展的要求。

二、规划内容深度编制策略

1. 统筹考虑项目安排

依托电网发展诊断分析，梳理配电网现状薄弱环节，结合全社会用电量、全社会最大负荷等电网发展指标，统筹考虑经济社会发展情况，进行全社会用电量和电力负荷的需求预测。结合负荷预测，逐项落实 35kV 及以上变电站选址布局，明确主变容量、用地性质、用地面积、四至坐标和进站道路，明确相关线路数据，逐项形成配电网规划项目，按照项目的轻重缓急科学安排项目建设时序。

2. 合理确定规划层级

结合国土空间规划各层级要求，将 220kV 及以上电力设施的落地权、110（35）kV 电力设施的空间权反馈至市级国土空间规划中；将 110（35）kV 电力设施的落地权、10kV 电力设施的空间权反馈至县级国土空间规划；将 10kV 及以上电力设施的落地权反馈至镇（乡）级国土空间规划中，并体现在相关的村庄规划中。

综合考虑发展权益和弹性深度，各电压等级纳入各层规划的深度建议见表 10-1。

表 10-1　　专项规划纳入各级国土空间规划需要明确内容一览表

国土空间规划层级	国土空间规划深度	电压等级	需明确内容
市级	总体规划	110、35kV 高压配电网	变电站站址的大体位置描述（尽可能落实坐标），占地面积、用地性质、站址内相关建筑指标等
			线路廊道的大体位置，廊道宽度、高度等
			输电线路与相邻建筑物退线安全距离
	详细规划	110、35kV 高压配电网	变电站红线范围、坐标、站址内相关建筑指标等
			架空、电缆线路廊道及坐标
		10（6）kV 中压配电网	供电分区划分、各分区内配电设施总量
			配网设施大致落地位置
			架空、电缆线路廊道以及与路网的衔接

国土空间规划层级	国土空间规划深度	电压等级	需明确内容
县级	总体规划	110、35kV 高压配电网	变电站站址的大体位置描述（尽可能落实坐标），占地面积、用地性质、站址内相关建筑指标等
			线路廊道的大体位置、廊道宽度、高度等
			输电线路与相邻建筑物退线安全距离
	详细规划	110、35kV 高压配电网	变电站红线范围、坐标、站址内相关建筑指标等
			架空、电缆线路廊道及坐标
		10（6）kV 中压配电网	供电分区划分、各分区内配电设施总量
			配网设施大致落地位置
			架空、电缆线路廊道以及与路网的衔接
乡镇级	总体规划	110、35kV 高压配电网	变电站站址的大体位置描述（尽可能落实坐标），占地面积、用地性质、站址内相关建筑指标等
			线路廊道的大体位置、廊道宽度、高度等
			输电线路与相邻建筑物退线安全距离
	详细规划	110、35kV 高压配电网	变电站红线范围、坐标、站址内相关建筑指标等
			架空、电缆线路廊道及坐标
		10（6）kV 中压配电网	供电分区划分、各分区内配电设施总量
			配网设施大致落地位置
			架空、电缆线路廊道以及与路网的衔接
村庄规划	详细规划	110、35kV 高压配电网	变电站红线范围、坐标、站址内相关建筑指标等
			架空、电缆线路廊道及坐标
		10（6）kV 中压配电网	配网设施具体落地位置，相关精度要求与村庄规划具体要求保持一致
			架空、电缆线路廊道的具体走向以及周边相关规划布局

3. 全面融入"一张图"

配电网设施空间布局规划应将变电站和电力线路的详细信息和用地布局纳入国土空间规划或者控制性详细规划。

经省、市、县三级审核逐步形成一张底图为基础，可层层叠加全国国土空间规划"一张图"。规划发生调整并经审批后，应及时完成数据库更新和数据汇交，实现国土空间规划"一张图"的动态更新。

第三节　配电网设施空间布局内容
深度规定主要变化及优势

按照山东省国土空间规划编制大纲及相关规定，对现行配电网规划内容深度相关要求进行了补充完善，结合山东公司配电网规划实际情况，编制完成《配电网设施空间布局内容深度规定》。本规定明确了新的总体原则、编制方法和编制流程，提出与地方政府出台的各类专业规划（简称"地方规划"）的衔接重点，并对配电网设施空间布局提出更高要求，有效避免了融入不深、监管不到位等问题。现将配电网设施空间布局规划内容深度规定简要介绍如下，具体内容详见《配电网设施空间布局规划内容深度规定》。

《配电网设施空间布局
规划内容深度规定》

一、配电网设施空间布局规划内容深度规定的适用范围

配电网设施空间布局规划内容深度规定适用于市域、县域（区、县级市）配电网设施空间布局规划编制工作。

二、配电网设施空间布局规划内容深度规定的主要变化

一是总则部分结合国土空间规划工作要求，提出了新的总体原则、编制方法和编制流程。二是规划区域概况部分将地方规划主要内容由能源、交通等各专业政府规划体系一到国土空间规划体系中。三是新增与地方规划的衔接要求部分，特将表 10-1 中所提出的分层分类对接的策略纳入内容深度要求，明确与地方规划的衔接重点。四是相关设施的空间布局规划部分明确提出 10kV 及以上变（配）电站的站址应精确至坐标、绘制黄线图，110（35）kV 线路布局规划应明确走向、明确关键拐点坐标、绘制黄线图，10kV 线路布局规划说明与相关规划的协调控制关系，在发展较为成熟、规划较为精细的城区、乡镇甚至村庄中也应绘制黄线图。五是站址和走廊的保护和管理部分明确提出可以主动启动配电网设施空间布局规划滚动修编，但不应改变国土空间规划确定的电

力设施空间布局。六是节能减排与环境保护部分增加对穿越生态红线的专项论述，规划成果形式部分增加项目清册表和配电设施布局规划图。

三、配电网设施空间布局规划内容深度规定变化后的优势

一是通过对各个章节中应衔接的规划、应布局的对象、应达到的精度进行明确，加强对 10kV 设施等布局对象的管理，强化站址廊道与"三线"、市政设施、工程管线的衔接深度，确保各类专项规划的深度、精度满足国土空间规划要求；二是通过加强与国土空间规划的衔接及"一张图"的核对，批复后纳入同级国土空间基础信息平台，叠加到国土空间规划"一张图"上，全面促进规划项目精准有效落地；三是通过对融入机制、规划层级、弹性深度提出的新要求，明确供电企业及自然资源等政府主管部门对电力设施空间布局规划的管控职责，有效避免了融入不深、监管不到位等问题。

思考题

1. 国土空间规划变革对配电网设施空间布局产生哪些影响？
2. 阐述书中所提《配电网空间设施布局内简深度规定》的主要变化。